U0198801

阳台花卉
混栽与养护技巧

日本主妇之友社　编著

[日] 国本延爱　译

机械工业出版社
CHINA MACHINE PRESS

目 录

巧用阳台空间的技巧

14

阳台花园的百花图鉴 · 根据不同主题选择花卉种类

22

专栏

143　种植花卉的基本课程

在阳台享受花卉园艺带来的乐趣

选择在阳台、屋顶平台等庭院、花坛以外的地方种植花草植物的人越来越多。只需要准备花盆、土壤和想要种植的花草，就可以轻松享受其中的乐趣，这也是这种种植方式的魅力。除了使用普通的花盆，还可以使用组合盆栽、悬挂盆栽等方式，轻轻松松就能打造身边的特色花园。

自然风格的组合盆栽，使用了银莲花、粉色蒲公英、红色雏菊、紫色蓝盆花、白色蜡菊等植物

花毛茛和白色的蓝菊。图中小巧的花朵则是百可花

阳台上的各色盆栽，显得十分热闹

用复古风格的空罐头盒制作的组合盆栽

使用了红背叶马蓝、蔓长春花等多种观叶植物制作的悬挂盆栽

盆栽的铁线莲和麻叶绣线菊

用玫瑰、针叶树等丰富多彩的盆栽植物装饰的露台

使用微型玫瑰、铁线莲、长春花制作的组合盆栽。
用树枝搭成的花卉支架十分可爱

使用木茼蒿、粉蝶花等植
物制作的组合盆栽

在传统红陶土花盆中种植的三色堇、香雪球、叶牡丹等花卉

满是玫瑰的花架上挂
着悬挂盆栽

在花篮中种植的郁金香、葡萄风信子、三色堇

用方形花盆种植的角堇、水仙、郁金香

阳台花园的
真实案例

即使家中没有庭院，在阳台上同样可以享受打造花园的乐趣。巧用有限的空间，也可以打造充满花卉、植物的绿色空间。下面介绍一些可供参考的优秀阳台花园案例。

主题明确的
自然风格阳台花园

大阪府　吉村康宏

蔓性铁线莲可以装饰阳台高处

使用了 3 个不同主题的园艺阳台

"虽然住楼房，但也想给生活增添一些绿色。"一定有很多人都有这样的愿望，而这个愿望在吉村先生的家就实现了。

吉村先生住在高层角房，家中有向南、向东、向北的三面阳台，在家中哪个房间都可以观赏美丽的植物，是理想的"绿色生活"。

吉村先生把南向阳台（主阳台）打造成成熟气息的自然风格；而东向阳台搭建了"绿色窗帘"，种植了一些蔬菜植物；北向阳台则充满亚洲风情，种植了那些即使光线较弱也可以生长的植物。吉村先生用 3 个明确的主题打造阳台，享受着阳台花园的乐趣。

朝着那扇小木门走去，就犹如穿越到了欧洲的小巷中

初夏时节盛开的龙面花。选择小花径的花卉可以让空间显得更开阔

用木质外罩罩住空调室外机

自动点亮的欧式台灯，营造良宵美景

在栅栏上安装天然素材的网格，除了可以预防强风，还可以营造自然的气息

在窗前为植物搭建攀缘网，可以用来种植苦瓜，制作"绿色窗帘"，缓解炎炎酷暑

　　南向阳台铺着复古风格的地板，墙面贴了轻质仿岩石板，阳台的侧面有一个假门，吉村先生把它命名为"秘密通道"。此外，吉村先生自己制作了木质空调室外机罩，还在阳台安置了晚上可以点亮的欧式复古路灯。

　　阳台植物以银色叶片的银叶金合欢为首，另外还有橄榄树、铁线莲、马缨丹、矾根等。吉村先生在植物的选择上也花了一些心思，尽量用不同深浅的绿色来营造变化，而花卉则选择一些花径较小的种类。整体的装饰和摆件风格统一，可以看到不同植物的生长过程，用有层次感的空间营造出一种成熟气息。

　　东向阳台则打造成了一个时尚的菜园。夏季用苦瓜制作的"绿色窗帘"，可以让凉爽舒适的风吹入房间；这里还会种植西红柿、黄瓜等蔬菜，可以享受收获的乐趣。在东向阳台可以享受更加贴近生活、接地气的园艺。

　　在北向阳台种植植物通常被认为是有些难度的。其中的关键是需要选择在光线较弱的环境里也可以

以耐阴植物为主、充满亚洲风情的北向阳台

带底面给水功能的花盆，
也可以直接用育苗盆种植

自动浇灌设备的定时器，可
以减少每天浇水的负担

生长的植物品种，比如八角金盘、观音竹、
龙血树、铁筷子（圣诞玫瑰）、蕨类植物等。

北向阳台的两侧墙壁上装饰着黄麻毯子，
让整个阳台呈现出亚洲情调。沉静的空间让
人心中也感到一份平静。

此外值得一提的是吉村先生的阳台引入
了可以从植物底部供水的自动浇灌设备。这
样的系统虽然不太适用于不喜湿的植物，但
是可以减少浇水所需的劳力，让种植大量的
植物变得更加轻松。

在北向阳台也可以种植的
铁筷子

用矾根和风铃草制作的亚
洲风格组合盆栽

用玫瑰和铁线莲打造的
美丽阳台花园

东京都　岛田文代 女士

紫铃铛铁线莲

用颜色淡雅的玫瑰打造的宁静空间

　　明亮的阳光照射在岛田女士家的阳台上。这里摆满了盆栽，那些丰富多彩的植物向人们倾诉着时间的推移和季节的变化。阳台四周是玻璃围栏，光线充足，因此能够种植大量的植物。

　　春季至初夏，是这个阳台的高光时刻。早春铁线莲开始绽放，而到了5月，玫瑰和铁线莲会争相开放。这个阳台的设计用了许多心思，通过组合拱门架、攀缘架、柜子等摆件让我们能够更立体地欣赏花卉。

　　玫瑰基本上都是英国玫瑰。这里种植了白色、粉色等20多种浅色品种。这个阳台通过使用柔和的色调，打造出华丽而宁静的阳台空间。

　　冬季，玫瑰和铁线莲会落叶，难免显得寂静。为了能够装饰这样的淡季，岛田女士种植了一些香草植物，在烹饪的时候也会经常使用。把鼠尾草、薄荷、罗勒等常用的香草放在阳台门口，方便采收。

光线良好的阳台，可以种植许多植物

使用白色木质梯凳装饰的早开大花系列铁线莲

以圆润饱满的花形和淡雅的花色为特点的玫瑰"仁慈的赫敏"

深杯状花形的玫瑰"查尔理菲尔德先生"

浅红色和黄色交织的微型月季"蓬蓬裙"

使用颜色统一的白色木架，摆放多肉植物等小盆栽

自制的架子。摘下红酒箱的底板后装上养鸡用的铁丝围网

空调室外机上放着小盆的多肉植物

13

巧用阳台
空间的技巧

为了在阳台种植植物，需要对其环境和条件了如指掌。我们应考虑阳台的大小、不同朝向的光照条件，以及通风条件，巧妙地利用阳台空间，才能让它成为温馨舒适的居家场所。

可根据不同光照条件，调整植物的摆放位置

Veranda Gardening

技巧 **1**

确认阳台的光照和温度条件

确认阳台朝向和日照时间

植物的光合作用离不开光。虽然植物的种类不同，但基本上所有植物都需要光照才能够生长。

大部分花草都喜欢阳光充足的场所，阳光不足不仅会导致植株瘦弱，还会让其无法很好地开花，但也有些品种的植物不喜欢强烈的阳光。因此，我们需按照植物的不同习性，考虑如何调整光照条件。

首先，确认阳台的朝向。南向阳台光照充足，最适合种植园艺植物。但栅栏的造型、屋顶高度也会影响采光。此外，太阳的运行轨迹会随着季节产生变化，光线能够照到的位置及时间段也会因此而变化。

在确认了阳台的采光条件后，应尽量选择阳光充足的位置种植植物。另外还需要随季节变化，把植物搬到光照条件更适宜的位置。此外，可以将花盆放在盆栽专用的台子、架子或挂在挂杆上。这样可以有效利用光照条件较好的空间，在有限的范围内种植更多植物。

选对了植物种类，在北向阳台也可以享受种植的乐趣

将花盆放在架子上、扶手上或是使用挂钩悬挂起来，可以
充分利用有阳光的空间

花盆垫脚（垫在花盆底
部，架空花盆的小摆件）
可以保证花盆底部通风
良好，缓解地面热辐射
带来的影响

此外，那些每天只有数小时光照的阳台、北向阳台可选择耐阴植物，这样一来同样能够享受园艺带来的乐趣。

了解植物产地，当心夏季的太阳

世界各地生长着多种多样的植物，应在选择植物时对其产地加以了解。例如，生长于高温高湿环境下的雨林植物，冬季需要采取防寒措施；而生长在高山等凉爽环境中的植物，有可能怕热怕闷。如果选择种植那些惧怕夏季高温高湿气候的植物，则需考虑摆放的位置等问题，花一些心思给它们创造凉爽的生长环境。

水泥地面的阳台要格外注意夏季的阳光反射。水泥地面在受到阳光直射后，大量吸收热能，温度会比土质地面高出许多。

在如此高温的地面上放置花盆会让花盆内部温度过高，导致根系的损伤和植株的枯萎。其实，在地上铺些木条踏板或使用花盆垫脚等简单的方法就可以缓解地面热辐射带来的影响。

根据环境选择适合的植物

喜阳的植物
三色堇、玫瑰、郁金香、大丽花、木茼蒿、长春花、波斯菊等

惧怕强烈日照的植物
铁筷子、洋凤仙、绣球花、秋海棠、虎耳草、玉簪等

喜欢偏湿土壤的植物
绣球花、铁线莲、鸢尾花、勿忘草、落新妇、玉簪等

喜欢偏干土壤的植物
薰衣草、天竺葵、石竹、银莲花、香豌豆、羽扇豆等

技巧 2

如果阳台容易干燥，请相应地增加浇水频次

待盆土表面见干后再浇水

　　盆栽如果不定期浇水，植物会因为缺水而发蔫、枯萎。特别是阳台会受到阳光照射和大风的影响，盆土处于容易干燥的状态，因此我们需要时常浇水。

　　但是如果浇水过于频繁，土壤持续的潮湿状态也会引起烂根。事实上许多新手种植失败的原因也在此。土壤理想的状态是干湿交替的状态，浇水的原则是盆土表面到盆底上下一致湿透，待盆土表面见干后再充分浇水，直至盆底的排水孔有水渗出为止。

　　浇水最好在植物开始苏醒的上午进行，但不要从植物上方浇，而是直接注入植株底部（盆土表面）。此外，盆底托盘中不能有积水。土壤始终保持湿润也是烂根的原因。

　　另外，在旅行、出差等外出时，我们会担心浇水的问题。冬季外出 2~3 天不浇水是没有影响的，而夏季则需要每天浇水。

　　如果外出 2 天左右，在托盘里倒上水即可。但是如果外出时间更长，那就需要把花盆摆在泡沫箱等容器里，在其中倒上水，让植物能够从花盆底部吸水。

　　如果种植的盆栽数量较多，使用自动浇灌设备会更加方便。在自动浇灌设备的容器里倒入水，水泵会把自动吸入的水输送到每个花盆。此外，也有直接接到自来水水管的自动浇灌设备。

浇水时尽量不要让花朵沾水

可从盆底吸水的花盆。吸水垫会给根系提供水分

自动浇灌设备的定时器，可以自动浇水

一个可以让植物从盆底吸水的容器，可以接水管直接灌水

也可以使用专用的塑料水箱，自动浇水

栏杆上设置的是市面上销售的防风网，
用来应对强风

在不通风的场所集中摆放
盆栽会导致植物不透气

技巧 **3**

高层注意强风的影响，选择通风良好的位置，

恰到好处地通风让植株健康成长

我们很容易忘记养好植物需要良好的通风条件。惠风和畅的环境能让植物苗壮成长，让其不容易发生病虫害。但是通风不畅的地方往往湿度过高，植物会因为不透气的环境变得容易生病，发生虫害。

在阳台种植盆栽时应注意适当地通风。把盆栽聚集在阳台的某个角落，这样会使通风条件变得很差。特别是原产于欧洲高山等地区的植物，惧怕夏季闷湿的梅雨季节，因此我们要充分考虑光照和通风条件，给植物打造一个凉爽的空间。

例如，把盆栽放在铁架等可以通风的架子上，这样既可以很好地排水、采光，还可以减少夏季闷热不透气的气候环境给植物带来的伤害。

在有强风的位置种植时需要做防风措施

有些中高层楼房的阳台会有大风吹过，需采取措施避免花盆被刮倒。把花盆放在高处是十分危险的。

我们要避免在扶手等危险的地方摆放花盆，同时也要避免在这些危险的地方挂壁挂式或吊挂式的花盆。

另外，有大风的阳台上，土壤也会容易干燥。除了勤确认土壤状态，适当浇水以外，也可以采取选择保水性较好的土壤的方式做好保湿的措施。

此外，市面上能买到围在阳台栏杆上的防风网，可供我们使用。

技巧 4

打造『最美阳台』的技巧

让阳台成为房间的一部分

很多人希望能够让阳台也成为房间的一部分，并用绿色来装饰这个空间，但同时也希望在不遮挡视野的情况下有效利用阳台。那么下面就让我们来介绍一些技巧，打造一个待在房间里就可以欣赏的美丽阳台。

使用盆栽专用的架子盘放花盆，可以节省许多空间。除了直接使用购买的架子，也可以尝试使用三脚架、红酒箱等不同的材料，尽情发挥想象力来制作属于自己的设计作品。

另外，可以用木质的棚架或铁制种花篱笆来装点钢制扶手和水泥墙壁，让植物在上面攀缘，或在上面挂上悬挂花盆的方式布置阳台的绿植。

空调室外机透露着机器冰冷的质感，我们可以使用室外机外罩或柜子，对其进行装饰。由于空调室外机会吹出热风，因此不适合在其周围摆放植物。我们可以在空调室外机上放置物品，或将其作为工作台使用。

另外，在阳台铺上心仪的地板材料能让人耳目一新。在园艺店或生活装饰用品商店可以买到各类地板材料。不同的颜色和材质都会给人不同的印象。

此外，既然是每天使用的物品，我们还是希望能够使用称心的园艺工具和摆件。可以根据阳台的整体风格，挑选喜欢的工具和摆件，为自己每天的园艺生活增添一份乐趣。

地板材料

市面上有各种各样的地板材料。不同的颜色和材质会营造出不同的气氛，挑选时应慎重考虑。

阳台上平铺地板材料，给予人不同的印象

如果选择铺砖，建议挑选重量较轻的材质

白色的地板材料，增加空间的亮度

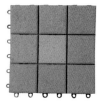

自然风格的地板材料，看起来很像瓷砖

奢华风格的木质地板材料

木质甲板还可以缓解地面热辐射带来的影响

架子

阳台也是生活空间，所以需留出做家务的位置。使用架子，既省空间又可以摆放更多的花盆。

使用架子，能够保证植物所需的光照

风格沉稳的铁架

拆掉红酒箱的底板，改造成的架子

使用架子可以有效利用空间

篱笆和棚架

在阳台摆放可以让植物攀缘、悬挂花盆的篱笆和棚架，让阳台原本高冷的格调焕然一新。

在木质篱笆上挂上了组合盆栽的悬挂花盆

可根据需求调整长度的棚架

带外框、稳定性好的木质棚架

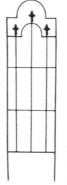

基础款的铁制篱笆，方便使用和搭配

铁制篱笆拥有众多款式

悬挂花盆

悬挂花盆可以装饰种花篱笆的顶端等较高的位置。

挂在木质篱笆上的壁挂花盆

吊挂式的悬挂花盆（吊盆）

壁挂式的悬挂花盆（壁挂花盆）

空调室外机外罩

阳台上的空调室外机很显眼，我们可以使用木质外罩或者架子遮盖一下，统一成自然的格调。

市面上销售的空调室外机外罩，上面可以作为架子，放置摆件

摆件的搭配

我们可以使用摆件，让阳台更有格调。还可以根据喜好，选择可以和植物搭配的摆件。

适合搭配黄麻地毯的铁质墙面装饰

把园艺工具放在显眼处的设计

成为阳台点睛之笔的车轮

复古的水井摆件

用喜欢的摆件搭配植物也是园艺的乐趣

花盆固定在栏杆里侧，防止高空坠落

紧急出口前不放置花盆、架子，保持通道通畅

不要在不稳的晾衣架上挂花盆

为防止排水口堵塞，应定期打扫枯叶、土壤等

Veranda Gardening

技巧 5
阳台园艺的注意事项

作为阳台园艺爱好者应当遵守的事项

只要住在楼房里，即使是阳台也要顾及邻居的感受，遵守原则。让我们在遵守以下事项的同时享受园艺带来的乐趣吧。

●**不要把花盆放在危险的地方**　阳台的窗台、栅栏、外墙等位置严禁摆放花盆。这些位置虽然阳光充足，但是花盆在有大风、地震时有坠落的风险。

●**不要把花盆放在公共区域**　是不是曾经在门口、公共走廊、台阶等公共区域摆放过花盆？即使组合盆栽再漂亮，也不应阻碍行人来往。此外，也不要把旧土扔到公园或空地。

●**浇水时避免滴到楼下**　如果住的楼房是开放式阳台，浇水时则应注意不要把水滴到楼下，以免弄湿邻居的衣服。悬挂花盆应当从空中取下后再浇水。

●**注意排水口堵塞**　在阳台种植植物每天都需要浇水，土壤、垃圾、枯叶流到排水口，很容易发生堵塞，应定期清理。和邻居共用排水口的阳台应格外注意。

●**确保逃生通道的通畅**　不要在紧急出口、避难装置周围摆放盆栽。逃生通道应当随时保持通畅，以防万一。

●**使用药剂时也需要注意**　在大风天气下使用杀虫剂等药剂，有可能会吹到邻居晾晒的衣物、被子上。请在风和日丽，没有大风大雨的天气喷洒药剂。此外，架子上的盆栽应拿下来之后再喷洒。

阳台花园的百花图鉴

根据不同主题选择花卉种类

本书根据以下主题，介绍了各具特色的花卉。
请根据种植环境、花卉种类、种植目的选择心仪的植物，享受种植的乐趣。

主题 **1** 适合新手种植的花卉 → P23

我们整理了一些皮实好养的植物，
一年四季色彩绚烂的植物和花卉，给阳台增添一份美丽。

主题 **2** 阴凉处也可以种植、欣赏的花卉 → P53

在阳光没有那么充足的阴凉处也可以种植的花卉，
推荐在阴面的阳台、玄关等场所种植。

主题 **3** 可以在强风环境中种植的花卉 → P73

即使在有大风的环境一样可以享受种植的乐趣，
我们介绍了一些植株强健、耐干旱的植物。

主题 **4** 可以制作"绿色窗帘"的花卉 → P91

覆盖窗边的"绿色窗帘"，
可以遮住炎炎夏日阳光的藤蔓植物。

主题 **5** 在阳台上也容易种植的玫瑰 → P103

想在阳台重点种植的玫瑰，
我们整理了一些适合盆栽的品种。

主题 **6** 适合悬挂花盆的花卉 → P113

美化空间的悬挂花盆，
适合种植株高较低、开许多小花的品种。

主题 **7** 香料、香草植物 → P127

气味芳香、美丽实用的香料与香草植物，
在阳台种上一盆就可以带来许多便利。

主题1　适合新手种植的花卉

一些比较容易开花、好养护、好管理的植物，
没有经验的新手也可以放心种植。
就让我们一年四季都用当季花卉美化阳台空间吧。

鼠尾草属

唇形科　一二年生草本植物、宿根草本植物、灌木　株高 / 10~200 厘米
花色 / ● ● ○ ● ● ● ● ● ●

月历
· 1 · 2 · 3 · 4 · 5 · 6 · 7 · 8 · 9 · 10 · 11 · 12 ·

开花期

种植、换盆

一串红

深蓝鼠尾草

斑叶的紫绒鼠尾草

有一年生草本品种、灌木品种等不同种类

鼠尾草属植物种类繁多,撒尔维亚就是其代表。在日本自然生长的毛地黄鼠尾草、琴柱草等也是鼠尾草属的植物。

常见的鼠尾草属植物有一串红、蓝花鼠尾卓、红花鼠尾草、彩苞鼠尾草等一年生的品种,可在花坛或组合盆栽中种植。此外,在市面上可以买到作为宿根草本植物销售的草地鼠尾草、深蓝鼠尾草、紫绒鼠尾草、龙胆鼠尾草等品种。市面上还能买到灌木的樱桃鼠尾草、凹脉鼠尾草、樱桃鼠尾草与凹脉鼠尾草的杂交品种,以及不是很耐寒的异色鼠尾草、布坎南鼠尾草等品种。

使用支架扶枝、缠绕

一些品种株型较大,可以设置支架支撑。推荐选择塔形的环形支架,撑住植株四周。此外,把鼠尾草缠绕在棚架或攀缘网上也是不错的主意。

一般来说盆土使用混合 30% 左右赤玉土的普通草本花卉用土即可。在盆土表面干燥后再浇水,施肥可以施少量的草本花卉用缓释肥。采用扦插的

方式繁殖鼠尾草是最方便的。鼠尾草会有夜盗虫、蝗虫等虫害,发现后需立即清除。

作为一二年生草本种植的品种

市面上能买到许多鼠尾草品种的开花株和幼苗。此外,市面上能头到一串红等作为一年生、二年生草本种植品种的种子,也可以从种子开始种植。播种时在每个育苗盆中撒上几粒种子,待植物生长为幼苗后再移植到花盆或其他容器里种植。

这类鼠尾草花苗适合在 4 月下旬以后种植,彩苞鼠尾草适合在 9~10 月种植。大部分鼠尾草喜欢阳光,在阴凉处无法生长。而红花鼠尾草可以在明亮的阴凉处种植。在花朵凋谢后剪掉整个花茎,可促进侧芽的生长。如果鼠尾草长得过于茂盛,可以剪掉植株的 1/3~1/2 进行整形。

作为宿根草本植物种植的品种

草地鼠尾草等原产于欧洲的品种较为耐寒,适合在 3 月种植花苗。撒尔维亚及生长在日本的毛地黄鼠尾草、琴柱草等品种也一样。

深蓝鼠尾草、紫绒鼠尾草、龙胆鼠尾草等原产

红花鼠尾草

蓝花鼠尾草

凤梨鼠尾草

紫绒鼠尾草

异色鼠尾草

于中南美洲的品种较为怕冷，需要在4月下旬以后种植。冬季需要在没有北风的场所养护，并在植株根部覆土或罩上防寒布进行防寒。

这类鼠尾草属植物分为喜阳、喜阴品种。大部分叶片好似贴着地面生长，叶片生长位置较低的，基本可以判断为喜阳品种。

能够生长为灌木的品种

这一类鼠尾草属植物在4月下旬以后，天气变暖之后再种植较为保险。这类鼠尾草大部分都喜欢阳光，在阴凉处无法生长。修剪方式基本与一二年生的品种相同，但要注意如果剪至没有叶片的程度有可能无法发芽，导致植株枯萎。剪下的枝条可以作为扦插材料，繁殖后备的植株。

这类鼠尾草中有很多品种不怎么耐寒，冬季需要放在没有北风吹过的场所，并罩上防寒布进行养护。另外，积雪很容易导致枝条折断，应当引起注意。

异色鼠尾草、布坎南鼠尾草等惧怕寒冷的品种适合在4月下旬以后种植，放在上午半天有阳光的半阴处或在向阳处种植。冬季需要在5℃以上的环境中养护。

龙胆鼠尾草

布坎南鼠尾草

郁金香

百合科　秋植球根植物　株高 / 15~40 厘米
花色 / ●●○●●●

月历

·1·2·3·4·5·6·7·8·9·10·11·12·

| 开花期 | 从土中取出球根 | 种植 |

与黄色旱金莲的组合盆栽

与白色的银莲花、葡萄风信子、三色堇一起种植

多瓣的郁金香"天使"

来自地中海沿岸地区的花卉

郁金香是一种重要的春季球根植物，可以说是春季花卉的代名词。郁金香原产于中亚地区到地中海沿岸地区，在土耳其培育出了园艺品种，随后传入欧洲。郁金香有丰富多彩的花色，如白、黄、红、橙、紫、粉，以及多色的品种等。郁金香花型种类繁多，除了单瓣、多瓣品种，还有花瓣边缘状似流苏的流苏型、细长花形的百合型品种等。此外，还有一支多头的郁金香品种。

在 11 月以前种植

我们通常在 9~10 月种植郁金香的球根，但在 11 月底之前种植均可。如果晚于 11 月，有可能会出现只发芽不开花的情况。

种植郁金香球根最理想的深度是 20 厘米，盆栽种植时 10 厘米的深度也无大碍。应选择排水、透气良好的草本花卉用土。我们需要避免让其接触户外空气，不让盆栽处于温度极端变化的环境中。

在盆土表面见干后再充分浇水。如果使用较大的花盆种植，可以待土表干燥 1~2 天后再浇水。如果是与其他植物混种，则按照一同种植的植物习性浇水即可。

不遇寒就无法顺利开花

秋季种植的球根会在春季从顶端长出 3~5 片叶片，通常 1 个球根上会开出 1 朵郁金香。郁金香有着不遇寒，花苞就无法正常发育的特性。因此，即使水培种植，发芽前也尽量养护在温度尽可能低的地方。此外，近年来市面上也有经过低温处理的球根（冷藏球根），这样的球根放在温暖的室内也能正常开花。

放在风和日丽的向阳处欣赏

由于郁金香花茎纤细，容易被风吹断，因此应在避风的场所养护。特别是多瓣品种及鹦鹉型郁金香的茎部很容易折断，需避免放在有大风吹过的阳台。如果想在风较强的位置种植，可以选择不会长高的小型品种。

郁金香通常在向阳处种植。若不需要养肥球根，也可以选择在阴凉处种植。但光照过少，会长成叶

格雷戈尔·水野

诺达兰

紫丁香

原生种迟花郁金香与白色的葡萄风信子

杰奎琳

月光

红色乔其纱

索贝特

片过大、茎部瘦弱、外形不美观的株型。因此，即使想装饰朝阴面的房间，开花前也应在向阳的位置栽培。

如果不打算让郁金香在下一个开花期继续开花，那么花期过后就可以拔除球根。

第二年如果让其继续开花

郁金香在开花后会生成第二年开花的新球根。但是盆栽种植很难长出能开花、足够大的新球根，因此通常盆栽郁金香的球根每年都会更换。当然，盆栽新球根虽困难，但不是不可能，也可以挑战一下。

如果希望郁金香第二年也能开花，则在种植时施含磷量较高的缓释肥，并每月施 2 次草本花卉用的液体肥料。

郁金香的花朵开始凋谢时需用手将其折断清理，因为使用剪刀可能会感染病毒病。

郁金香的病虫害中需要当心病毒病，一旦感染便无法治愈。感染病毒病的郁金香，会在花朵上出现原本没有的花纹，需要连根拔除。另外，郁金香也有球根变软的病害，所以在购买时不要选择条线变软的、有较多伤痕和变色现象的球根，这样可以大概率避免患病植株。此外，种植之前使用杀菌剂消毒以保证万无一失。

✓ **1 个球根的价值相当于 1 栋房子！**
中世纪的郁金香热

郁金香于 16 世纪传入荷兰，诞生了许多品种，17 世纪时掀起了一阵郁金香热，郁金香球根的价格高昂，当时一些珍贵品种的球根价值相当于 1 栋房子。后来热潮虽已平息，但如今荷兰仍是世界第一的球根花卉生产大国。

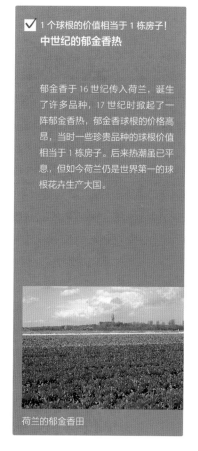

荷兰的郁金香田

从秋季到第二年春季不断开花的草本花卉

三色堇、角堇

堇菜科　一年生草本植物　株高 / 15~30厘米

别名 / 猴面花　花色 / ●●○●●●●●　●

月历

| ·1 · 2 · 3 · 4 · 5 · 6 · 7 · 8 · 9 · 10 · 11 · 12 |

开花期　　　　　　　播种　　开花期

种植

花瓣上有褶皱的品种

小型的角堇

3 种三色堇与香雪球

从秋季到第二年春季不断开花，花期超长的花卉

　　虽然同样都是堇菜属的植物，三色堇、角堇与日本自生的堇菜不属于同组，而主要为欧洲原产品种培育出来的园艺植物品种。

　　人们习惯性地将花形较大的称为三色堇，花形较小的称为角堇，但其实介于两者之间的品种也很多，因此没有办法明确区分。生长趋势上，三色堇株高较低，角堇株高可达到 30 厘米。

　　这一类花朵尺寸大小不等，有 1~10 厘米及以上的不同品种。花形越大越怕风吹雨淋，1 株能开出的花朵数量也会较少。三色堇、角堇是花色最为丰富的一组植物，甚至有在其他种类的植物中很难看到的黑色品种。

　　虽然三色堇、角堇是多年生草本植物，但寿命也不算长，所以通常作为一年生植物种植。

有半天阳光照射的地方就能种植

　　市面上可以买到三色堇、角堇的种子。虽然从种子开始种植也并不难，但是直接购买花苗会更容易种植。如果在 10~11 月种植，可以在秋季到第二年春季欣赏花朵。当然，到了春季再种植也没有任何问题。

　　种植时不要破坏根系，避免生硬地把根系弄散。种植深度为 1 厘米，在植株底部覆土。盆土选择草本花卉用土即可。

　　三色堇、角堇通常在向阳处种植，但在只有上午半天有阳光的明亮的阴凉处也可以。植株看似小，但长势喜人，需要确保生长空间，不要在一个花盆里种植过多的植株，应留出足够的间隔。特别是角堇会在春季长势迅速，不宜种得过于拥挤。

　　待盆土表面见干后再充分浇水。不淋雨、不淋水的情况下，花朵能够开放更长的时间，浇水时也尽量浇入植株底部，避免从上方浇下。

　　在种植花苗时，土壤中混合草本花卉用的缓释肥，此外每月再施 3~4 次草本花卉用的液体肥料。

种植在复古空罐头盒里的小型三色堇

"紫天使"

粉色的品种

"虎眼"

"雪贝"系列

延长花期的窍门是经常摘除枯花和摘心

如果希望植株能够长期开花，需要经常摘除凋谢的枯花。三色堇、角堇不需要昆虫授粉就可以结籽，如果放置枯花不管，植株会把养分供给种子，不再开花。可以捏住花茎，像扭转一样揪下就可以从花梗底部摘除枯花。

建议在4~5月进行整形修剪。光给植株断一阵水，在其发蔫后下压茎部，让茎部底部露出来。植株继续生长，茎部底部位置会长出新芽。如果确认植物长出了新芽，就可以剪掉之前下压的茎部。可以在剪枝的前几天施肥，促进植株生长和再生。此外，尽量在较为凉爽的环境中养护修剪后的植株。

三色堇、角堇是多年生的植物，在夏季来临之前修剪可以让其度过夏季，连续生长多年。如果希望这样长期种植三色堇或角堇，就在夏季来临之前或在秋季换上大一圈的花盆。虽然修剪时剪下的枝条可以作为扦插材料，但是能成功生长的可能性较小。

三色堇、角堇有白粉病、蛞蝓、斐豹蛱蝶、夜盗虫、蚜虫等病虫害。

☑ **一类品种繁多，与日本的堇菜同类的植物**

日本可以说是堇菜大国，据说生长着200种以上的堇菜属植物。漫步于春季的山野就能看到堇菜、紫花堇菜，以及叶片有裂纹的叡山堇等不同品种。生长在日本的堇菜属植物多为紫色的花朵，不过在海拔较高的山上也能看到高岭堇、双花堇菜等黄花色品种。

堇菜

报春花属

报春花科　一年生、宿根草本植物　株高 / 10~20厘米
花色 / ● ● ○ ● ● ●

月历

·1·	2·	3·	4·	5·	6·	7·	8·	9·	10·	11·	12·

开花期　　　　　　　　　　　　　　　开花期

（樱草等）　　种植　　　　　　　　　播种

球花报春

樱草

种类繁多，种植方法不尽相同

北半球分布着多种报春花属植物，人们自古就种植由欧洲、亚洲原产的品种培育的园艺品种。在日本自生的樱草也是报春花属植物，至今仍作为传统园艺植物而受到人们的青睐。耳状报春花是由原产于欧洲阿尔卑斯地区的原生种培育而来的，作为英国的传统园艺植物传承至今。

报春花属种类繁多，植物个性和在园艺中的使用方法也不尽相同。小型的多花报春、朱莉叶报春杂交品种主要种在花盆、花坛中。大型的四季报春适合盆栽，而花形小、开花数量多的樱草常作为盆栽或花坛的材料使用。此外，通常市面上还能买到藏报春、羽叶报春、球花报春、高穗花报春等品种。

一二年生的品种

樱草是报春花属中典型的一二年生品种。藏报春、羽叶报春原本是多年生植物，但通常店家会将其作为一年生植物销售。这几种报春花属植物都可以从种子开始种植，但除了樱草，其他品种的种子很难买到，我们可以购买开花株进行种植。

买回花苗后，注意不要破坏根系并尽早种植。盆土选择草本花卉用土，其中掺入 30% 的赤玉土后可提高排水性和透气性。

如果从种子开始种植，可以在 9 月播种。如果播种时节太早，可能因为夏季的炎热导致植株枯萎。如果阳光较为强烈，则在明亮的阴凉处育苗。先将苗床上的植株移植到育苗盆中，在第二年的 3~4 月栽种到最终想要种植的花盆中。

这一类植物通常放在向阳处，但明亮的阴凉处也可以种植。不论哪个品种都不是十分耐寒，冬季养护时应放在吹不到北风的位置，并且罩上防寒布。此外还应注意避雪。

藏报春、羽叶报春惧怕过湿的环境，应待盆土表面干燥后再浇水。樱草惧怕断水，盆土表面开始干燥时就需要浇水。

肥料选择草本花卉用的缓释肥，并采用盆面置肥的方式施肥。

报春花属植物容易发生夜盗虫、小菜蛾、蚜虫等病虫害，发现后需要立即驱除。

牛舌樱草

花瓣上有褶皱的多花报春

多花报春

高穗花报春

杂交高山报春花

宿根品种

多花报春、朱莉叶报春杂交品种是典型的报春花属宿根花卉。由于品种不同，习性特征也有所差异，不过盆栽种植无须过于在意这些特性。由于面向普通消费者销售种子的情况较少，因此可以直接购买幼苗或开花株种植。种植时间和盆土选择与一年生报春花属植物相同。

夏季以外的季节放在向阳处，夏季则放在明亮的阴凉处种植。在土壤表面干燥后再浇水，肥料应选择花卉草本用的缓释肥。在花凋谢后需剪掉枯萎的花茎。宿根的报春花属植物耐寒能力强，无须采取防寒措施。可以在花期过后采取分株的方式繁殖。换盆应在 5~6 月或 9~10 月进行。

高山品种

耳状报春花、球花报春、玫瑰色报春花等品种是原产于欧洲阿尔卑斯地区的高山品种。

耳状报春花的品种划分有着严格的规定，在日本是很难买到的。但是在日本可以买到杂交高山报春花等品种，这些品种就可以充分欣赏高山组独有的厚重配色和独特气氛。

☑ 日本的报春花属植物 "樱草"

樱草是日本自生的报春花属植物的代表。埼玉市荒川河岸樱草簇生，自古以来十分有名，在江户时代人们就来赏 "樱草"。人们甄选了许多外形独特的樱草并传承至今。埼玉市樱草自然丛生地作为 "田岛原樱草自然丛生地"，被指定为特别天然纪念物。

宁静之海　红蜻蜓

花朵鲜艳、美丽的球根花卉

银莲花属

毛茛科　秋植球根植物　株高 / 15~30厘米

月色 / ● ● ○ ● ● ● ●

月历

```
· 1 · 2 · 3 · 4 · 5 · 6 · 7 · 8 · 9 · 10 · 11 · 12 ·
```
　　　　　开花期　　　　　　　种植、换盆
　　　防寒　　　　　　　　　　　　　　防寒

紫色重瓣品种的冠状银莲花

半重瓣品种的冠状银莲花

单瓣品种的光亮银莲花

产于地中海地区、喜干燥的花卉

　　银莲花属的植物种类很多，日本山野中生长着的双瓶梅也是其中一种。而通常市面上流通的银莲花则为原产于地中海地区的冠状银莲花的园艺品种。

　　除了冠状银莲花，市面上还能看到简洁清爽的光亮银莲花杂交品种、充满田园风趣的希腊银莲花等品种，都有着质朴的气质，惹人怜爱。其习性与冠状银莲花差不多，可以用相同方式养护。

　　银莲花是秋植球根植物，会在晚秋时节长出叶子，变得茂盛，在春季开花。花色有红、紫、粉、白色，以及这些颜色的中间色，此外还有重瓣品种。在夏季来临之前地表植株枯萎，只剩地下的球根进入休眠期。

让球根缓慢吸收水分

　　可以买到的球根通常为干瘪状，直接种植球根，会因为突然吸收过多水分而腐烂，应让球根缓慢吸水之后再种植。

　　在可以密封的塑料箱或塑料袋中放入球根，铺上微微湿润的蛭石或水苔后放入冰箱冷藏室浸泡球根。

　　浸泡 2~3 天后去除腐烂的部分，种植那些吸收水分、焕发活力的球根。球根的尖头为底，种植时注意不要弄错方向。

　　如果感觉浸泡和种植有些麻烦，也可以直接购买开花株种植。

　　银莲花适合在向阳处种植。冬季，在寒冷地区需要罩上防寒布或搬到室内养护，做一些防寒措施避免其冻结。

　　在盆土表面干燥后充分浇水。到了叶片开始枯萎的季节就停止浇水，晾干整个盆栽后放在不淋雨的位置养护。

　　换盆在 9~10 月进行。土壤使用排水、透气性好的草本花卉用土即可。银莲花的病虫害较少，花苞和花朵上可能会受到蚜虫的侵害。

蓝色花朵、美丽清新的宿根草本植物

百子莲

百合科　宿根草本植物　株高 / 30~120厘米
花色 / ○ ● ●

月历

| · 1 · 2 · 3 · 4 · 5 · 6 · / · 8 · 9 · 10 · 11 · 12 · |
| 种植　　开花期　　　　种植 |

百子莲

阳台种植应选择小型品种

百子莲是原产于非洲的宿根草本植物，分为常绿品种和冬季地表部分会枯萎的品种，株高也分 30 厘米左右的小型品种和高度超过 1 米的大型品种。常绿品种比较不耐寒，冬季应罩上防寒布，或搬入室内养护，保持在不会结冰的状态越冬。

全年都适合在阳光充足的地方或明亮的阴凉处种植。春季到秋季用土表置肥的方式施草本花卉用的缓释肥。每隔 3 年换 1 次盆，在预防根系打结的同时，通过分株来调整植株大小，避免长得过于茂盛。

熊耳草

淡雅的花朵充满魅力

熊耳草

菊科　一年生草本植物　株高 / 30~100厘米
花色 / ○ ● ●

月历

| · 1 · 2 · 3 · 4 · 5 · 6 · 7 · 8 · 9 · 10 · 11 · 12 · |
| 播种　　种植 |
| 开花期 |

花朵不要沾水

熊耳草原产于中美洲，会像覆盖整个植株一样，开放一簇簇好似小型蓟草花的密集花朵。我们可以播种繁殖，不过购买花苗会更容易种植。夏季也可以插芽繁殖。

熊耳草适合在阳光充足的地方生长，也可以在上午半天有阳光的阴凉处种植。在盆土表面干燥之后再充分浇水。花朵不淋雨能够开放得更久，因此浇水时也避免从植株上方浇下去，不要让花朵沾水。应时常清理凋谢的花梗。过度施肥会导致熊耳草徒长茂盛的叶片，因此需要控制施肥量。

颜色各异的非洲菊

非洲菊

花色鲜艳、盆栽种植也备受喜爱的花卉

菊科　宿根草本植物、温室植物　株高 / 20~40厘米
别名 / 扶郎花　花色 / ● ● ○ ● ●

月历

| ·1 ·2 ·3 ·4 ·5 ·6 ·7 ·8 ·9 ·10 ·11 ·12 · |

种植、换盆

防寒　　　开花期　　　防寒

惧怕过于潮湿的环境，应谨慎浇水

非洲菊是原产于南美洲的园艺植物，也是常见的切花花卉。花径在 10 厘米左右，花色也丰富多彩，有单瓣和多瓣的品种。

淋雨会缩短花朵的寿命，所以尽量放在可以避雨的位置种植。非洲菊不喜欢过于潮湿的环境，不宜过度浇水，待盆土表面干燥后再充分浇水。

盛夏季节应把非洲菊放在上午半天有阳光的半阴处。冬季则放在吹不到北风的地方，罩上防寒布养护，尽可能保持 5℃以上的温度。

旱地型的白花品种

马蹄莲属

佛焰苞色彩丰富的美丽花卉

天南星科　春植球根植物　株高/30~100厘米
花色 / ● ● ○ ● ●

月历

| ·1 ·2 ·3 ·4 ·5 ·6 ·7 ·8 ·9 ·10 ·11 ·12 · |

种植

旱地型品种防寒　　　开花期　　　旱地型品种防寒

惧怕寒冷，冬季采取防寒措施

马蹄莲属植物原产于非洲，分为生长在湿地、会开出白色花朵的水芋，以及色彩丰富的旱地型马蹄莲品种。

不论是哪种马蹄莲，春秋两季都应在向阳处种植，夏季都应在明亮的阴凉处种植。冬季，水芋需要放在没有北风吹过的地方罩上防寒布养护；旱地型的马蹄莲需要搬进室内，在 5℃以上的环境中养护。

湿地型的品种需要在盆底垫上倒入水的托盘，让土壤始终保持湿润的状态。旱地型的品种则在盆土表面干燥后充分浇水。

开放整个春季的惹人怜爱的菊科植物

菊花

菊科　一年生草本植物　株高 / 10~20厘米

花色 / ● ○ ●

月历

| ·1·2·3·4·5·6·7·8·9·10·11·12 |

种植　　　　种植

开花期　　　　播种

摩洛哥雏菊"杏子果酱"

黄晶菊

白晶菊与三色堇

"Chrysanthemum"是曾用名

　　在日本曾经有好几种植物都以"Chrysanthemum"的名字在市面上流通，而白晶菊和黄晶菊是人们很熟悉的品种。

　　这两种植物原产于非洲，都以曾用名"Chrysanthemum"在店里销售。近年来开出粉色花朵的多年生品种摩洛哥雏菊"杏子果酱"也被称为"Chrysanthemum"。

　　白晶菊和黄晶菊都是一年生草本植物，茎部不断分枝，向四面八方伸展，开出许多的花朵。白晶菊除了一边横向伸展，茎部还会向上直立。而黄晶菊的茎部只会趴在地面上，不会直立，因此株高不会太高。

在光线好的地方种植

　　两种植物都适合在向阳处种植。冬季的降霜或冰冻可能会把花苞冻坏，因此应避开有北风和降雪的地方，并罩上防寒布防霜。两者相比之下，黄晶菊更不耐寒。

　　通常在9~10月播种，花苗价格亲民，因此也可以直接购买花苗种植。种植适合在10~11月或3月进行，购买花苗后应尽早种植到花盆。种植时轻轻地弄散根系。白晶菊、黄晶菊的植株可以长得很茂密，因此种植时至少隔开1株的空间。土壤可以使用草本花卉用土，在其中混合30%左右的赤玉土，可提高土壤排水性和透气性。

　　这两种植物惧怕高湿的环境，需待土表干燥后再浇水。施肥过量会导致茎部徒长，因此施少量的草本花卉用的缓释肥即可。茎部如果长得过于茂盛，可以在留有新芽的位置整形修剪，调整株型。

　　这两种植物基本没有病虫害，但可能会受到蛞蝓和蚜虫的侵害，应使用杀虫灵等药剂驱除。

冬季到春季开放的芳香宜人的花卉

水仙

石蒜科　秋植球根植物　株高 / 15~30厘米
花色 / ●　○

月历

| ·1·2·3·4·5·6·7·8·9·10·11·12 |
| 开花期　挖出球根　种植　开花期 |

小花的"小月亮"水仙

多瓣的"冰皇"水仙

与三色堇混种的黄水仙

小型到大型，品种丰富多彩

水仙主要为原产于欧洲的球根植物，早春时间绽放香气宜人的花朵，受到人们的喜爱。

水仙分为几个不同类别。在日本主要能买到的是一茎多花的品种，以及能开出一朵大花的黄水仙等品种。围裙水仙是早春开放的小型品种。大片种植围裙水仙，开花后的景象非常壮观。

耐寒的水仙会在冬季到早春的季节开花

最适合种植水仙的季节是 9~10 月，但最晚可以在 11 月底以前进行。购买球根后应尽早栽种。

种植球根最理想的深度是 10 厘米左右。盆土选择排水性和透气性好的草本花卉用土即可。种植时，可在土壤中混合含磷量高的缓释肥，每月施 2 次左右的花草用液体肥料。

围裙水仙

水仙适合在向阳处种植。栽种后，在冬季就会长出纤细的叶片。水仙耐寒，不需要防寒措施。水仙花内部附生好似碗状的副花冠。水仙最终会在花茎顶端绽放这种独特的花朵。

每年都给盆栽换盆

冬季到春季可以欣赏这种香气宜人的花朵。花朵开始凋谢时，用手将其摘掉。

夏季来临之前，枯萎的水仙只剩下球根进入休眠期。水仙的球根不用像郁金香一样从盆中取出，而是让整个盆干燥并在土中保存至秋季。秋季从盆栽取出植物，用新土壤重新种植。而种在花坛里的水仙可以连续几年放在土里，不需要取出球根。

水仙的病虫害当中，需要注意病毒病。叶片出现颜色不均匀或是斑点等症状时需要连同球根一起丢弃。叶尖枯病可以通过更换盆土或是消毒进行预防。购买水仙时，应避免挑选变软的球根，以及那些伤痕、变色处较多的球根。

香雪球

层层叠叠开放的小花，芳香浓郁

十字花科　一年生草本植物　株高 / 5~15厘米
花色 / ○ ●

月历

| · 1 · 2 · 3 · 4 · 5 · 6 · 7 · 8 · 9 · 10 · 11 · 12 · |

种植　　　　　　　播种、种植

开花期　　　　　开花期

注意过湿和闷湿不透气的环境

香雪球原产于地中海沿岸地区，会像覆盖地面一样茂密地生长并开放许多小花。

香雪球适合种植在向阳处，在明亮的阴凉处也可以种植。虽然香雪球比较耐寒，但在吹不到北风的地方种植，植株和花朵的状态会更好。由于香雪球惧怕闷湿不透气的环境，比较适合种植在组合盆栽的边缘，或作为悬挂花盆的材料种植。

由于香雪球惧怕过湿的环境，需待盆土表面干燥后再浇水。浇水时避免从植株上方浇入，最好直接注入植株底部。肥料应选用草本花卉用的缓释肥。

香雪球

普通天竺葵

花期长、植株健壮的盆栽花

牻牛儿苗科　多年生草本植物、温室植物　株高 / 30~60厘米
花色 / ○ ● ● ●

月历

| · 1 · 2 · 3 · 4 · 5 · 6 · 7 · 8 · 9 · 10 · 11 · 12 · |

播种、种植　　　　　　　种植

开花期　　　　　　　开花期

通过摘心、剪枝调整株型

普通天竺葵是从原产于非洲的马蹄纹天竺葵培育出的园艺植物，有多瓣品种、斑纹品种等丰富的种类。

普通天竺葵不是很耐寒，冬季放在室内，在保持 5 ℃以上的温度下养护，或者放在不会被北风吹到的地方并罩上防寒布进行防寒。

在生长期掐掉新芽，可以调整株型，增加开花数量。如果枝茎长得过于茂盛，可以修剪至植株整体的 1/2，调整株型。剪下的枝条可以进行扦插繁殖。

由于普通天竺葵惧怕过湿的环境，应在盆土表面干燥后再浇水。每月施 3~4 次草本花卉用的液体肥料。

普通天竺葵和熊耳草、撒尔维亚等植物组成的组合盆栽

华丽优雅、颜色丰富的花朵令人喜爱

大丽花

菊科　春植球根植物　株高 / 30~100厘米
别名 / 大丽菊　花色 / ◐ ◑ ○ ● ● ●

月历
·1·2·3·4·5·6·7·8·9·10·11·12·

种植、换盆　　整形修剪　　从土中取出

开花期

仙人掌形大丽花"超人"

"东之辉"大丽花

金属色叶片的小型品种"日本主教"大丽花

应购买带茎的球根

大丽花是原产于墨西哥的园艺植物，有丰富多彩的花色和花形，花茎长 3~20 厘米不等。阳台种植适合选择株高较低的品种，若种植株高较高的品种，则需要做一些防倒伏的措施。

可以在春季购买球根，或直接购买开花株种植。球根在 4~5 月种植，塑料育苗盆中的开花株则在 5~6 月种植。

大丽花的球根如果不带茎，就不会发芽。因此购买时应确认球根茎部是完整的，没有被折断。

种植育苗盆里的开花株时，应小心操作，避免损伤根系。

"玛格丽特·莫里斯"大丽花

盆土使用草本花卉用土，混合30%左右的赤玉土，以提高土壤的排水性和透气性。不透气的环境会让大丽花变得容易生病，种植时应注意植株之间的间隔，避免种植得过于密集。

避开大风，避免暴晒

大丽花适合在向阳处种植。淋雨会让花朵容易凋谢，应把大丽花放在避雨的地方种植。

待盆土表面干燥后再充分浇水。由于大丽花比较不喜欢过湿的环境，应避免浇水过勤。肥料使用花草用的缓释肥，另外每月施 3~4 次花草用的液体肥料。

花开始凋谢时，从花托根部用手摘除枯花。夏季大丽花容易变得没有活力，停止开花，进入休眠期，但到了秋季大丽花会重新开花。7~8 月在留有侧芽的位置修剪，为秋季开花做准备。大丽花无法承受酷暑，盛夏季节应把植株搬到明亮的阴凉处。

冬季应在不会结冰的地方养护

在霜期来临之前修剪大丽花，留下 5~10 厘米的植株，晾干整个花盆，或挖出球根后埋到木屑中，放在 5℃以上的环境中保存。不论采用哪种方式，每修剪 1 株都需要用火烧一下的方式给刀具消毒，避免大丽花感染病毒病。

早春时节开放的玲珑小花

雏菊

菊科　一年生草本植物　株高 / 10~20厘米
花色 / ○ ● ●

月历
· 1 · 2 · 3 · 4 · 5 · 6 · 7 · 8 · 9 · 10 · 11 · 12 ·

种植　　　　　　　　　播种　　种植
开花期

注意不要断水

　　雏菊原产于欧洲，外形与蒲公英相似，会长出茂密的匙形叶片。有白、红、粉等花色，会不断开出可爱的小花。除了多瓣品种的雏菊，市面上还能买到白色单瓣的野生型品种。

　　雏菊可以从种子开始播种，但直接购买花苗会更方便。由于雏菊惧怕闷湿、不透气，种植时一定不能种得过于密集。在组合盆栽中种植雏菊也需要注意种植的位置，避免被其他植物覆盖。盆土表面开始干燥时，充分浇水。浇水时不要从植株上方往下浇，尽量直接浇在植株底部和根部。此外，还需要时常摘除、清理花梗。

用可爱的花盆种植的雏菊

绿色花朵的花烟草

迎风摇曳的纤细姿态令人喜爱

花烟草

茄科　一年生草本植物　株高 / 30~50厘米
花色 / ○ ● ● ●

月历
· 1 · 2 · 3 · 4 · 5 · 6 · 7 · 8 · 9 · 10 · 11 · 12 ·

换盆、种植
开花期

注意长期降雨和过湿的环境

　　花烟草原产于南美洲，最常见的是花烟草的园艺品种，纤细的花茎会开出红、粉、白等花色的花朵。此外也有花色为浅绿色的品种。

　　花烟草需要较高的温度（25℃以上）才能发芽，因此直接购买花苗会更容易种植。花烟草惧怕闷湿和不透气，所以不要种植得过密，应保证一定的植株间隔。

　　花烟草适合在通风的、不淋雨的地方种植。待盆土表面干燥后再浇水，并把水直接浇在植株根部。此外，需时常清理、摘除花梗。

向日葵

菊科　一年生草本植物　株高 / 20~200厘米
别名 / 向阳花　花色 / ● ● ●

月历
· 1 · 2 · 3 · 4 · 5 · 6 · 7 · 8 · 9 · 10 · 11 · 12 ·

　　　　　　播种　　　　开花期

意大利白向日葵

"普拉多红"红色向日葵

"小夏"迷你向日葵

硕大、鲜艳的花朵充满魅力

　　向日葵和牵牛花一样，是夏季的代表植物。在许多国家，向日葵主要是作为提炼植物油的农作物种植。在日本也能看到作为蜜源而大量种植的向日葵。

　　向日葵原产于北美洲，粗壮平直的茎上端会开出硕大的花朵。黄色是向日葵的基本花色，此外也有红褐色、柠檬黄等花色。向日葵除单瓣品种以外也有多瓣品种。阳台选择向日葵的矮生品种更易于打理，不过如果使用大花盆，大型品种的向日葵也是可以种植的。

播种繁殖

　　播种是最普遍的种植方法。矮生品种可以直接播种在花盆或其他容器中，种子上覆盖1厘米左右的土壤，留出20厘米左右的植株间隔。由于每株向日葵的开花

"充满阳光的柠檬"向日葵

期较短，可以隔开1周，分批种植，这样一来就错开了生长时间，可以长期欣赏向日葵的花朵。土壤可以选择使用草本花卉用土。

　　大型品种可以直接播种在花盆里，不过先在育苗盆中种植可以更有效地利用空间。可以在3号大小的育苗盆中播种，待长出2~3片真叶后移植到大的花盆中，让其长到一定程度再定植。此外，也推荐在市面上购买花苗种植。

　　向日葵适合在向阳处种植。待盆土表面干燥后，从植株根部浇入充分的水。

　　肥料选择草本花卉用的缓释肥，此外每月施3~4次花草用的液体肥料。

谨防菊方翅网椿象

　　病虫害中最需要警惕的是菊方翅网椿象，会对向日葵产生很大影响，甚至会造成植株枯萎。向日葵叶片出现白色和褐色的纹路、叶片背面有菊方翅网椿象时需要立即驱除，若放置不管还会对其他菊科植物造成伤害。

色彩鲜艳、香气宜人的早春花卉

风信子

天门冬科（百合科） 秋植球根植物 株高 / 20~30厘米

别名 / 洋水仙 花色 / ○ ● ● ● ●

月历

· 1 · 2 · 3 · 4 · 5 · 6 · 7 · 8 · 9 · 10 · 11 · 12 ·

开花期 　　　　　　　　种植、换盆

球根需要低温春化

风信子原产于地中海沿岸地区东部，自古就因其浓郁芳香受到人们的喜爱。风信子的园艺品种始于土耳其，随后在欧洲进行了改良。

风信子适合在秋季种植，球根的种植深度为 10 厘米左右，如果浅于 10 厘米则需要罩上防寒布进行防寒。

风信子有着需要接触低温环境花苞才能正常发育的特性。即使是用无法放在户外的水培方式种植，在发芽前也应在没有暖气的场所养护风信子。

夏季来临之前，叶片枯萎，进入休眠期后要给植株断水，让整个盆栽保持干燥的状态并在避雨的地方保存。

风信子

种在紫色撒尔维亚前面的五星花

花瓣像五角星一样的美丽花朵

五星花

茜草科 一年生植物、多年生植物 株高 / 30~40厘米

别名 / 繁星花 花色 / ○ ● ● ●

月历

· 1 · 2 · 3 · 4 · 5 · 6 · 7 · 8 · 9 · 10 · 11 · 12 ·

种植、换盆

开花期

放在室内也可越冬

五星花原产于东非到阿拉伯半岛南部地区。五星花原本是多年生植物，但由于长势迅速，因此被当作一年生植物种植。夏季，在枝茎顶端会连续开出许多星形喇叭状花朵。

最简单的是直接购买花苗种植。由于植株会长得非常茂盛，种植时需要隔开 1 株的间隔，避免过于密集。待土表干燥后再充分浇水，把水直接浇在植株底部。应时常清理五星花的花梗。如果五星花长得过于茂盛，可把植株修剪至整体的 1/2 左右的程度。冬季放入室内，在 10℃ 以上的环境中养护就可以越冬。

花盆中不可或缺的可以从春季欣赏到秋季的花卉

碧冬茄

茄科　一年生草本植物、多年生草本植物　株高 / 30厘米左右
别名／矮牵牛　花色／○ ● ● ● ●

月历
· 1 · 2 · 3 · 4 · 5 · 6 · 7 · 8 · 9 · 10 · 11 · 12 ·

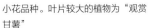
播种
种植
开花期

小花品种。叶片较大的植物为"观赏
甘薯"

大花重瓣品种的碧冬茄

较为耐雨淋的品种

春季到秋季的经典花卉

　　碧冬茄是由原产于南美洲的品种培育出的园艺品种，如今已成为春季到秋季的园艺中不可或缺的花卉。碧冬茄大致分为传统的大花品种和小花品种。碧冬茄原本是多年生草本植物，但是通常作为一年生植物种植。

　　大花品种会相继开出花茎长为10厘米左右的花朵，十分华丽。花色丰富多彩，花形种类丰富，有花瓣带褶皱的、重瓣的等不同品种。茎部会直立生长，并在生长过程中慢慢下垂。

　　小花的多花品种花茎较短，为3~5厘米，植株会相继开花，覆盖整个植株。小花品种的花色、花形种类虽然不及大花品种丰富，但是每年都会有更好的品种出现。小花品种的花茎不会直立，而是伏地延展，可以覆盖很大的面积。可以利用这种特质装饰吊挂式的悬挂花盆，或用来覆盖整个墙面。

紫色的"星条"碧冬茄

通过修剪促进分枝

　　碧冬茄虽然也可以从种子开始种植，但是发芽需要较高的温度（20℃以上），所以购买花苗种植会更方便。小型的多花品种市面上只能找到花苗。

　　碧冬茄，特别是小型多花的品种长势十分喜人，盆栽时需避免种植得过于密集，种植花苗时需要空出足够的间距，7~8号大小的花盆中种植1株即可。

　　近年来虽然有所改善，但是碧冬茄本是惧怕淋雨的花卉，建议在避雨的阳台种植。在盆土表面干燥以后，把水直接浇在植株的底部。

　　由于碧冬茄会相继开花，每月需施3~4次液体肥料。此外，还需时常清理摘除花梗。夏季进行1~2次整形修剪，调整株型，这样可以促进侧芽的发芽和分枝，增加花量。剪下的枝条可以作为扦插材料。

　　小型的多花品种放在吹不到北风的场所，罩上防寒布，采取防寒措施就可以让植株越冬，第二年也能够继续欣赏花朵。

耐暑好养的花卉
长春花

夹竹桃科　一年生草本植物　株高 / 30~40厘米
花色 / ○ ● ● ●

月历
· 1 · 2 · 3 · 4 · 5 · 6 · 7 · 8 · 9 · 10 · 11 · 12 ·

种植、换盆　　　开花期

耐热的花卉

原产于马达加斯加岛的长春花非常耐热，如今和马齿苋并列成为夏季花坛、花盆中不可缺少的花卉。

4月以后，天气变暖后再购买花苗。长春花可以长到起初的 3 倍以上的大小，因此种植时应在植株周围留出足够的生长空间。匍匐性的品种也非常适合在悬挂花盆中种植。

长春花惧怕过湿的环境，浇水需要在盆土表面干燥以后，直接浇在植株根部。每月施 2 次花草用的液体肥料。夏季可以通过插芽繁殖。

不同颜色长春花的组合盆栽

种1次就能每年开花的早春花卉
春星韭

石蒜科（百合科）　秋植球根植物　株高 / 5~15厘米
花色 / ○ ●

月历
· 1 · 2 · 3 · 4 · 5 · 6 · 7 · 8 · 9 · 10 · 11 · 12 ·

开花期　　　　　　种植、换盆
避开北风　　　　　　　　　　避开北风

耐寒、好养的小型球根植物

春星韭是原产于南美洲的小型球根植物，会开出白色至蓝紫色的花朵。

应在秋季购买球根种植。5 号盆可以种植 7~10 个球根。土壤使用草本花卉用土，混合 30% 的赤玉土以提高排水性和透气性。春星韭耐寒，在日本的关东南部以西的地区种植，可以忍耐当地的霜雪天气。在寒冷地区需要罩上防寒布。

虽然夏季植株地表部分枯萎，进入休眠期，但无须取出球根。把植株放在避雨的地方，让整个盆栽保持干燥的状态养护，到了秋季再开始浇水。2~3 年换盆种植 1 次即可。

春星韭

圆润饱满的花朵非常美丽

花毛茛

毛茛科　秋植球根植物、宿根草本植物　株高 / 30~50厘米
别名 / 芹叶牡丹　花色 / ● ● ○ ● ● ● ●

月历
· 1 · 2 · 3 · 4 · 5 · 6 · 7 · 8 · 9 · 10 · 11 · 12 ·

开花期　　　　　种植

从土中取出

盆栽的粉色花毛茛

花瓣边缘为红色的品种

以花毛茛为中心搭配的组合盆栽

原产于地中海沿岸的球根植物

花毛茛中有很多品种，通常以"花毛茛"的名称销售的是原产于地中海沿岸的球根植物，大部分为重瓣品种，同时也有一些单瓣品种。

球根需要缓慢吸水

花毛茛的球根适合在秋季种植。如果直接种植买回来的球根会发生腐烂的现象，需要先在密封的塑料箱或塑料袋中铺上稍微湿润的蛭石或水苔，再放入球根，然后在冰箱的保鲜室等地方放置 2~3 天，让其缓慢吸水。

白色的花毛茛

球根吸水后，去掉变软的腐烂部分，种植吸了水充满活力的球根。种植球根时覆 3 厘米左右的土壤。盆土选择草本花卉用土，另外混合 30% 左右的赤玉土，以提高排水性和透气性。花毛茛不喜酸性

土，应在盆土中掺入少量石灰，中和土质。

如果球根的吸水处理比较麻烦，也可以直接购买开花的花苗。

冬季保持 5℃ 以上的温度

花毛茛适合在通风、避雨、避雪的向阳处种植。花毛茛会在晚秋长出叶片，在春季开花，但是它比较不耐寒，因此冬季在 5℃ 以上的环境中养护，或放在刮不到北风的地方，罩上防寒布进行防寒。

待盆土表面干燥后充分浇水。在种植后至第二年 3 月底这个期间施肥，肥料使用花草用的缓释肥，同时每月施 3 次花草用的液体肥料。

在花朵凋谢后，剪掉整个花茎。夏季，花毛茛的地表部分会枯萎，并进入休眠期，因此叶片开始枯萎时需要断水，让整个盆栽干燥后再放在避雨的地方保存。到了 10~11 月，用新的盆土重新种植。

蚜虫有可能会侵害花毛茛的花朵和花苞，应用专用的药剂尽早驱除。

最近叶片美观的品种受到欢迎

马缨丹

马鞭草科　灌木、温室植物　株高 / 30~200厘米
别名 / 七变花　花色 / ● ○ ● ● ●

月历
·1·2·3·4·5·6·7·8·9·10·11·12·

开花期

| 防寒 | 种植、换盆 | 防寒 |

快速生长的常绿灌木

　　马缨丹是原产于热带美洲的常绿木本植物，生长速度快，不断地冒出新芽，变得非常茂盛，因此，在热带、亚热带地区常把马缨丹作为篱笆种植。有许多品种的花色会逐渐变化，看起来像1株树上开出了两种花色，因此马缨丹也被称为"七变花"。

　　马缨丹生长速度快，枝条长得过于茂盛时可以修剪到1/3 植株的程度。马缨丹有很强的再生能力，虽然是木本植物，但在哪个位置剪下都没有问题。马缨丹无法抵御强烈的寒流，因此需要放在北风吹不到的位置，罩上防寒布进行防寒。在寒冷地区则在冬季搬进室内。

斑叶品种的马缨丹与红色的瓶儿花

黄色的柳穿鱼与白色的勿忘草

与金鱼草同类的艳丽花卉

柳穿鱼

车前科（玄参科）　一年生草本植物　株高 / 30厘米左右
花色 / ■ ○ ● ● ●

月历
·1·2·3·4·5·6·7·8·9·10·11·12·

播种

开花期

| | 种植、换盆 | |
| 防寒 | | 防寒 |

惧怕严寒和过湿的环境

　　通常人们所说的柳穿鱼原产于北非，是摩洛哥柳穿鱼的园艺品种，纤细的枝茎顶端会以穗状开出许多花朵，花形好似缩小版的金鱼草。

　　柳穿鱼可在秋季播种、种植幼苗。由于柳穿鱼惧怕不透气，种植时至少留出1株的间隔。柳穿鱼不喜高湿的环境，应在盆土表面干燥后再浇水。

　　强降霜和结冰会对柳穿鱼的花苞造成伤害。冬季需要避开北风，并使用防寒布进行防寒。此外，施肥过量会造成枝茎徒长，需要控制施肥量。

夏季至秋季期间开放，惹人怜爱的球根花卉

石蒜

石蒜科　夏植球根植物　株高 / 30~50厘米
花色 / ● ● ○ ● ● ●

月历

·1·	2·	3·	4·	5·	6·	7·	8·	9·	10·	11·	12·

黄花系需要防寒　　　种植、换盆　　　黄花系需要防寒

开花期

忽地笑

生长在各地山野上的夏水仙

花瓣带有蓝色的换锦花

花色丰富多彩的美丽花卉

石蒜是一种原产于东亚的植物。其特点是有花无叶，有叶无花，分为以石蒜为代表的秋季有叶的类型，以及以夏水仙为代表的春季长出叶片的类型。此外，花形也分为两类：一类外形似彼岸花，花瓣细长且外翻；另一类为类似夏水仙的筒状花形。

每个品种都有红色、白色、粉色、紫色、蓝紫色、黄色、橙色等固定的花色。无论是哪个品种，叶片都会在夏季来临之前枯萎，并进入休眠期。人们培育了许多石蒜的园艺品种，但由于繁殖得较慢，没有被广泛普及。

购买球根种植

应在夏季购买石蒜的球根种植。如果使用花盆或容器种植，种植深度为球根顶端和盆土表面差不多呈同一水平的程度即可。盆土选择花草用的土壤，另外混合 30% 左右的赤玉土，以提高排水性和透气性。

春季有叶的石蒜非常耐寒，不需要做防寒措施。

而原产于温暖地区的钟馗水仙、忽地笑等黄花的品种大多惧怕寒冷，冬季养护时温度应保持在 5℃以上，或放在没有寒风的位置，并罩上防寒布进行防寒。

3 年换 1 次盆

待盆土表面干燥后充分浇水。即使石蒜进入休眠期，过度干燥也不利于其生长，因此叶片开始枯萎时也应继续浇水。石蒜与蝴蝶草等好养的一年生草本植物，以及中、小型的玉簪等植物一起种植，这样看起来既美观，种植时又不会忘记浇水，可以一举两得。

肥料使用草本花卉用的缓释肥，推荐使用含磷量较高的种类。

石蒜每 3 年换 1 次盆足矣。换盆时用新的土壤，同时注意不要弄掉根系周围的土壤，应细心操作，避免伤害根系。

石蒜的花苞或花朵上会有蚜虫等虫害，发现后立即驱除。

迎风摇曳的秋日美景

秋英

菊科　一年生草本植物　株高 / 40~120厘米
别名 / 波斯菊　花色 / ○ ● ●

月历
・1・2・3・4・5・6・7・8・9・10・11・12・

播种

开花期

小型品种的组合盆栽

通过摘心、修剪控制植株高度

　　原产于墨西哥的秋英是为人熟知的秋季花卉。近年来秋英花色越来越丰富，也有了半重瓣、筒状花等别致的花形。秋英在日照时间变短时才会生成花苞，因此如果秋英种植在路灯旁或夜晚有光照的位置，有可能会不开花。而园艺品种"轰动"系列的秋英在夜晚明亮的地方种植也能开花。

　　4月就可以开始播种秋英，而且种植时期越晚株型就越小。如果植株长得过高可以修剪到 2/3 植株的程度，或待长出 10 片真叶时摘心，以控制生长高度。

杂交品种百日菊"缤纷"

夏秋时节开花的花卉

百日菊

菊科　一年生草本植物　株高 / 30~100厘米
别名 / 百日草　花色 / ● ○ ● ● ●

月历
・1・2・3・4・5・6・7・8・9・10・11・12・

播种

种植

开花期

天气越热开花越旺

　　百日菊原产于墨西哥，分为大花品种的百日菊以及开放许多小型花朵的小百日菊两种，而百日菊"缤纷"则是这两种的杂交品种。百日菊花色丰富，有多瓣、单瓣等不同花形。

　　百日菊可以在初夏播种，也可以直接购买花苗种植。由于植株会长得较大，种植时起码留出 1 株的间隔。特别是小百日菊及其杂交品种生长茂盛，切记不要种植得过于密集。

　　在 6~8 月整形修剪 1~2 次可以很好地调整株型，促进分枝，增加花量。花朵开始凋谢时，应时常清理残花。

万寿菊

菊科　一年生草本植物　株高 / 30~100厘米
别名 / 孔雀草　花色 / ● ○ ●

月历
· 1 · 2 · 3 · 4 · 5 · 6 · 7 · 8 · 9 · 10 · 11 · 12 ·

播种
种植
开花期

在阳光充足的位置种植

万寿菊中有小花品种的法国万寿菊以及大花品种的非洲万寿菊，但它们都是原产于墨西哥的植物。万寿菊因有驱除土中线虫的功效而得名，有时也会在田地里种植。

1 株万寿菊就可以长得非常茂盛，种植时应空出足够的空间。盆土使用混合 30% 左右赤玉土的排水性、透气性较好的土壤。万寿菊在背阴处无法充分生长，所以应放在向阳的位置。施肥量过多会导致枝茎徒长，因此需控制施肥量。

7~8 月进行整形修剪，可以让花一直开到秋季。

小花的法国万寿菊

黄帝菊

黄帝菊

菊科　一年生草本植物　株高 / 30~50厘米
别名 / 美兰菊　花色 /

月历
· 1 · 2 · 3 · 4 · 5 · 6 · 7 · 8 · 9 · 10 · 11 · 12 ·

开花期
种植、换盆

惧怕缺水的花卉

黄帝菊原产于中美洲、南美洲地区。通常能买到的是茎叶繁茂、植株整体呈圆形的品种，会在夏季不断开出黄色的花朵。

黄帝菊喜阳，但也可以在明亮的阴凉处种植。黄帝菊适合在春季至初夏期间种植，后期可以长到起初的 3 倍大小，因此需要预留空间，在种植时空出足够的植株间隔。黄帝菊惧怕断水，因此不适宜在吊盆、壁挂花盆中种植。

在盆土表面开始干燥时浇水。肥料使用草本花卉用的缓释肥，每月施 3~4 次草本花卉用的液体肥料。

原产于南美洲的可爱花卉

观赏苘麻（悬铃花）

锦葵科　灌木、温室植物
株高 / 1~3米
花期 / 6~10月
花色 / ● ● ○ ○ ● ●

分为称为"红萼苘麻"的品种，以及杂交培育品种。图片中花朵为后者。冬季需保持 5℃ 以上的温度。

色彩鲜艳、作为切花也广受喜爱的花卉

香雪兰

茜草科　秋植球根植物
株高 / 30~50厘米
花期 / 2~4月
花色 / ● ● ○ ○ ● ● ●

香雪兰是原产于非洲南部的秋植球根植物。种植时冬季避开降雪和霜冻，保持 5℃ 以上的温度。夏季来临前香雪兰叶片开始枯萎，进入休眠期。

品种丰富多彩的花卉

酢浆草属

酢浆草科　夏植球根植物
株高 / 5~30厘米
花期 / 几乎全年
花色 / ● ● ○ ● ●

人们培育的酢浆草属植物中，许多都是原产于非洲南部和南美洲的球根品种。这类植物很好养，因为其繁殖能力强，有时甚至会变得像杂草一样，让人感到困扰。

开放蓝色花朵的秋植小型球根花卉

葡萄风信子

天门冬科（百合科、风信子科）
秋植球根植物
株高 / 10~30厘米
花期 / 3~5月
别名 / 蓝壶花
花色 / ○ ● ●

葡萄风信子原产于小亚细亚地区。如果阳光不足，叶片会下垂，因此需要在向阳处种植。当叶片枯萎、植株进入休眠期时，需要让整个盆栽保持干燥的状态。

为人熟知的小型球根植物

番红花属

鸢尾科　秋植球根植物
株高 / 10厘米左右
花期 / 2~3月
花色 / ○ ● ●

多数番红花属植物都在春季开花，但也有藏红花等在秋季开花的类型。不论哪一类的番红花属植物都会在开花后长出叶子，并在夏季来临前进入休眠期。

原产于北美南部至墨西哥地区的常绿灌木

墨西哥橘

芸香科　灌木
株高 / 1~3米
花期 / 4~5月
花色 / ○

墨西哥橘会开放白色的花朵，香气与橘子花相似。市面上能买到"太阳之舞"墨西哥橘等浅绿色叶片的品种。

充满异国风情，热带花木的代表花卉

木槿

锦葵科　灌木　温室植物
株高 / 30~200厘米
花期 / 6~10月
花色 / ● ● ○ ● ● ●

木槿分为小花品种和大花品种，花色也越来越丰富。冬季需保持 10℃ 以上的温度。

也作为干花使用的花卉

兔尾草

禾本科　一年生草本植物
株高 / 20厘米左右
花期 / 4~6月
别名 / 狸尾豆
花色 / ○ ●

兔尾草是一年生草本植物，原产于地中海沿岸地区，长有形似兔子尾巴的花穗。兔尾草易于打理，每年只靠散落的种子也能增加数量。

组合盆栽的
基础知识

组合盆栽是将多种植物混种在一个容器内观赏的种植方式。种植时可以选择不同尺寸、颜色、形态的花卉，按照植物各自的特点进行搭配。就让我们来制作一个协调、美丽的组合盆栽吧。

决定主花和配花，注意搭配协调

　　制作组合盆栽的第一步是选择心仪的植物和花盆。首先选择一种主花，再选择衬托主花的配花，这样容易做出有统一感的搭配。组合不同高度的植物可以表现出层次，有立体感。除此之外，植物的颜色搭配也十分重要。在选择主色的基础之上，选择同色系作为配色，表现出统一的感觉，还可以另行加入一些对比色，调整整体的平衡。在组合盆栽中使用银叶植物及古铜色叶片的植物作为亮点，也是不错的主意。

　　但我们不能单凭植物的外表进行选择，如果植物相斥，会对生长不利。除了考虑花期，还要从光照条件和对土质的要求等多个方面考量，搭配习性相似的植物。

　　购买了需要种植的幼苗后应尽快种植。我们可以从花苗的花盆较深的那株开始种植。种植时可以根据需要的深度调整放入的土壤量。从塑料育苗盆中取出花苗后，在不破坏植物根系的前提下轻轻弄散根部土壤，摘下枯萎的叶子再种植到花盆里。

　　直接使用调配好的培养土会比较方便。如果种植的植物特别喜欢排水性、透气性好的土壤，也可以在培育土中混合赤玉土、鹿沼土及蛭石等土壤。

　　如果种植的植物喜欢湿润的土壤，则可以在培育土中混合腐殖土，以及调整了酸碱性的水苔等进行调配。

使用花盆制作组合盆栽的方法

需要准备的物品

花苗（大丽花幼苗、百里香、六倍利）

红陶土花盆

培育土、垫底石、缓释肥

简铲、剪刀、网格（放在盆底排水孔上）、一次性筷子

1 选择植株和花盆。可在花盆中摆放植物，看一下花色和株高的搭配，能够形象地想象种植后的效果。

2 剪适量的网格，放在盆底排水孔上，可以起到防止漏土及虫子爬入花盆的作用。

3 在盆底倒入垫底石，如轻石，这样可以提高盆栽内部的排水性，起到防止烂根的作用。除了轻石，也可以使用大粒的赤玉土等大颗粒的土壤。

4 按照花苗育苗盆最高的那株的高度，放入适量的培育土。使用简铲更容易操作。

5 放入适量的颗粒状化学肥料后混合均匀。推荐选择肥效较长的缓释肥作为基肥。

6 首先从主花大丽花开始种植。从塑料育苗盆中取出植株后，轻轻弄散根系，让根系能够朝外伸展。

7　从花苗育苗盆最深的那株种植。种植时考虑花朵的朝向，把 2 株大丽花都种在中央，并在植株根系周围倒入培育土。

10　像围住大丽花一样，调整百里香和六倍利的高度，并在其周围和根部倒入培育土。

11　可以用一次性筷子戳盆土表面，让土壤填充缝隙，固定花苗。此外，盆边缘到盆土表面空出 2 厘米的水区（水间隙）。

8　把种植在大丽花周围作为配角的百里香和六倍利各分 2 株。分株时要细心分成平均的 2 株。

9　分完株的百里香和六倍利。分株时尽量保存根系周围的土壤。将这些植株交错种植在大丽花周围。

12　最后浇上充足的水，完成组合盆栽的种植。浇水要浇到排水孔流出多余的水为止。种植后在有半天无阳光的位置放 1~2 天，之后再搬到向阳处养护。

主题2　阴凉处也可以种植、欣赏的花卉

会不会光线不好，而放弃种植花卉？

其实只要选对品种，阴凉处也同样可以享受种花的乐趣。

就让我们在阴面的阳台、玄关等地方种花吧。

冬季至春季开放令人喜爱的优雅花朵

铁筷子（圣诞玫瑰）

毛茛科　宿根草本植物　株高 / 20~90厘米

别名 / 见春花　花色 / ○ ● ● ● ● ○ ●

月历

·1·2·3·4·5·6·7·8·9·10·11·12

开花期　　　　　　　　　　　开花期

种植、换盆　　　　　　　　　种植、换盆

黄白色重瓣的杂交品种　　　　　　　　杂交品种制作的盆栽

"圣诞玫瑰"为众多品种的统称

　　铁筷子（圣诞玫瑰）是原产于欧洲等地区的铁筷子属植物，在中国云南西部也自然生长着一种该属的植物。严格意义上来讲，铁筷了是指在黑嚏根草中圣诞时节开花的品种，但近年来随着更多杂交品种的出现，人们逐渐把铁筷子属的植物都称为"圣诞玫瑰"。

　　铁筷子属植物分为直立茎的品种和灌木状生长的品种。

　　直立茎的品种有异味铁筷子、科西嘉铁筷子、青灰嚏根草等，会在枝茎顶端开出数朵绿色、褐色等颜色的小型花朵。株高会达到40~90厘米，株型比较茂盛。花朵看起来很朴素，但叶片非常迷人，也有一些斑叶的品种，可作为观叶植物种植。

　　主要的灌木状生长的品种中最常见的是东方铁筷子的杂交品种和黑嚏根草等种类。

　　多数品种的铁筷子属植物拥有常绿的、坚硬的叶片。而生长在中东沙漠的野生品种及中国的西藏铁筷子等品种则不同，它们的地表部分会在入夏时枯萎，植株进入休眠期。

每盆各种1株

　　铁筷子适合在10月～第二年3月种植，分株适合在10~12月进行。换盆时需要细心操作，避免损伤根系。铁筷子的根系发达，种植时应选择有一定深度的大花盆。盆土可以使用草本花卉用土中混合40%赤玉土的透气性、排水性好的土壤，也可以选择购买铁筷子的专用土壤。

　　闷湿、不透气的环境容易使铁筷子生病，因此种植时每盆各种1株。铁筷子不是非常适合组合盆栽，如果一定要在组合盆栽中种植，则需要在植株周围留出空间。

注意高温高湿的环境

　　铁筷子适合在通风、明亮的阴凉处种植，同时可以承受秋季到春季的阳光直射。应把盆栽放到可以避开梅雨等季节连绵多雨的位置。

　　灌木状生长的品种非常耐寒，无须做防寒措施。

可以清晰地看到深紫色蜜腺的杂交品种

优雅的黑紫色杂交品种

红色多瓣的杂交品种

而直立茎的品种需要放在避开冬季北风和降雪的位置，并采取罩上防霜的防寒布等防寒措施。

铁筷子惧怕高湿的环境，应在盆土表面干燥后再浇水。10月~第二年2月施花草用的缓释肥，另外每月施3次液体肥料。夏季无须施肥。

谨防病毒病

可以选择在11~12月剪掉灌木状品种植株的老叶片，这样能够以漂亮的姿态迎接开花期，但这个修剪不是必要的。另外，应在花朵凋谢后剪掉残花。

无论处于哪种目的，凡是使用刀具修剪铁筷子时，为了预防病毒病，每修剪1株都需要用火烧一下刀刃，进行消毒。

铁筷子有立枯病、霜霉病、病毒病（黑死病）、蚜虫、叶螨、蓟马等病虫害。黑死病会导致茎叶长黑斑，植株衰弱甚至枯萎等现象。人们认为这种黑死病是由病毒引起的。铁筷子感染后无法治愈，因此发现患病植株应当立即连花带盆一起清理，以防扩散到其他植株。立枯病、霜霉病需使用专用的药剂防治，良好的通风也可以起到很好的预防作用。如果发生蚜虫、叶螨、蓟马等虫害，可用药剂驱除。

☑ 在圣诞节绽放的圣诞玫瑰

黑嚏根草是在圣诞节期间开花的一种早开铁筷子。自古以来人们就喜爱这种纯白秀丽的花卉，并用它做圣诞节的装饰。近几年市面上也能买到多瓣、粉色等多样的品种。而东方铁筷子等种类会在2~3月开花，因此在欧美将其称为"四旬期玫瑰"。

黑嚏根草

茎叶形态、颜色各异而受到喜爱

矾根、黄水枝

虎耳草科　宿根草本植物　株高 / 30厘米左右
花色 / ○ ● ● ● ○

月历

·1·2·3·4·5·6·7·8·9·10·11·12·
种植、换盆　　开花期　　　种植、换盆

褐色和橙色叶的矾根。绿色的是朝雾草和玉簪

矾根的组合盆栽，叶片纹路很好看

不仅可以赏花，还可以观叶

矾根是一种原产于北美洲的常绿宿根草本植物，别称"珊瑚铃"，也是一种自古就被人们种植的植物。黄水枝属植物以分布在北美洲的品种居多，但在东亚地区也生长着一种黄水枝。

由于这两种为近缘植物，人们培育和种植的基本也都为杂交品种。短茎上茂盛生长着数片常绿叶片。矾根会在春夏时节开出黄色、白色、粉色、红色或褐色等颜色的钟状花。而黄水枝会在春季开出白色或粉色、外形像刷子一样的花朵，花茎长40~50厘米。

叶色除了绿色，还有紫色、黄绿色、粉色、黄色、褐色、橙色等独特的色彩，同时也有复色及带有金属光泽的银色品种。这些叶片的颜色会随着季节发生变化，春季的颜色较浅，而冬季会变为更加沉稳的颜色。有叶形圆润饱满的品种，也有枫叶形的品种，可以说形态、颜色种类非常丰富，没有花的时节也可以观赏美丽的叶片。

同样适合组合盆栽

矾根、黄水枝可以与玉簪、落新妇等搭配，这些植物根系竞争性不强，因此非常适合在组合盆栽中种植。

我们一般能在市面上看到矾根、黄水枝的幼苗，可以直接买来种植。种植时应留出 2 株的间隔。只要不弄散苗盆中植株的根系，全年都可以种植。但需要注意，如果在冬季种植，需要避开北风养护。

盆土可以选择草本花卉用土，另外混合 30%的赤玉土以增加土壤的排水性和透气性。

一些品种的矾根，特别是一些小型品种，对土壤的排水性和透气性有更高的要求，使用混合赤玉土的高山植物用土会更保险。

那些在说明上写了"适合盆栽"的植株，多为这种小型品种，需要给它们提供排水性、透气性好的环境。

在明亮的阴凉处养护

虽然不同品种的矾根、黄水枝在特性上有所差

黄水枝的白色花朵十分美丽，叶形也很有趣

异，但盆栽种植不用考虑过多。大部分的品种都可以在明亮的
阴凉处种植。如果是非斑叶品种，可以勉强承受阳光直射，但
斑叶品种的矾根、黄水枝可能会因为阳光直射而晒伤叶片。

矾根、黄水枝非常耐寒，冬季也无须做防寒措施。

在盆土表面干燥以后充分浇水。相较之下，矾根、黄水枝
比较不喜欢高湿的环境，不宜浇水过频。在开花后剪下枯萎的
花茎。

在发芽前的 3~4 月或 9~10 月换盆。分株也适合在同一时期
进行。

换盆时尽量避免破坏根系，弄散根系的时候，应小心操作。

长得过于茂盛的植株可能会发生茎叶直立、植株慢慢衰竭
的情况，这时可以剪下枝茎或进行分株。剪下的枝茎可以进行
扦插繁殖。植株分株后，需要将直立高起的茎部栽种得相应深
一些。

施肥应在春季选择花草用的缓释肥，秋季选择含磷量高的
缓释肥。施肥过多会影响叶片颜色，因此应控制施肥量。

矾根、黄水枝的病虫害较少，但可能会有夜盗虫、蚜虫，
发现时应立即驱除。

> ### ✔ 生长在日本的黄水枝
>
> 矾根属和黄水枝属中有许多都是原
> 产于北美洲的品种，但是有一个品
> 种的黄水枝分布在喜马拉雅山区和
> 日本等地。这种黄水枝在亚高山带
> 林中很常见，为枫叶形叶片，会在
> 6~8 月开放白色的花朵，据说有着
> 止咳的功效。
>
>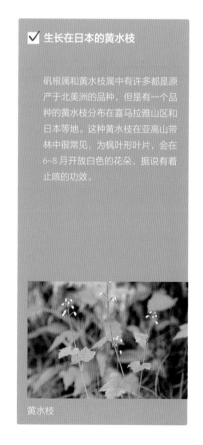
>
> 黄水枝

百合

百合科　秋植球根植物　株高 / 30~150厘米
花色 / ● ● 　○ ● ● ●

月历
· 1 · 2 · 3 · 4 · 5 · 6 · 7 · 8 · 9 · 10 · 11 · 12 ·

开花期　　　　　　种植

东方百合杂交系百合

亚洲百合杂交系百合

盆栽中的亚洲百合杂交系百合

东亚地区是百合重要的原产地

百合是一种古代就为人熟知的球根植物，拥有众多园艺品种。百合广泛分布于北半球，日本等东亚地区为原生种百合的重要原产地，野生百合随处可见。

东方百合杂交系是由天香百合、美丽百合等品种培育出来的园艺品种群，其特征是拥有浓郁芳香的硕大花朵，最具代表的有卡萨布兰卡等品种。虽然多数都为叶片宽、植株高大的品种，但也有株高 60~90 厘米、适合盆栽的品种。东方百合杂交系花朵较重、容易倒伏，需要搭建支架支撑。

亚洲百合杂交系是由岩百合、卷丹百合等品种培育的园艺品种群，茎部中立，花朵朝上开放，开花期在初夏，早于东方百合杂交系品种。

麝香百合杂交系是由麝香百合（又称铁炮百合）等品种培育出的园艺品种群，茎部平直，喇叭筒状花朵会朝侧面或斜上方绽放。

此外，还有各类杂交品种，同时也有许多作为山野草种植的野生百合品种。

种植时避免弄伤根系

在秋季购买球根后应尽早种植。种植的深度以 3 个球根的高度为标准。10 月适合给已经种植在土壤里的百合换盆。盆土可选择草本花卉用土，并混合 30% 左右的赤玉土，以提高排水性和透气性。此外，也可选择使用专为球根植物调配的土壤。

花盆尽可能选择深一些的大花盆。此外，百合的盆栽也可以混种其他小型花草（矾根、箱根草等），可以遮挡百合植株与盆土表面交接的位置。

在明亮的阴凉处种植

东方百合杂交系及其原生种的天香百合、美丽百合适合在明亮的阴凉处种植。杂交品种及美丽百合可以勉强承受阳光的直射。这一类百合非常耐寒，不需要做防寒措施。

亚洲百合杂交系百合

麝香百合杂交系百合

东方百合杂交系百合

亚洲百合杂交系及其原生品种岩百合、卷丹百合适合在向阳处，或上午有阳光的半阴处种植。这一类品种同样十分耐寒，无须采取防寒措施。

麝香百合杂交系、麝香百合适合在向阳处或上午有阳光的明亮的半阴处种植。这一类百合不怎么耐寒，所以应放在吹不到北风的位置，并罩上防寒布养护。

在盆土表面干燥以后充分浇水。相比之下，百合较为不喜高湿的环境，不宜浇水过勤。在种植时应施含磷量较高的缓释肥，在春季施花草专用的缓释肥。

在花朵凋谢后，用手摘除残花。如需作为切花使用，可在剪花时留下植株上1/2左右的叶片。为了预防病毒病，每修剪1株，就要用火烧一下的方式对剪刀等刀具进行消毒。

百合有病毒病、蚜虫等病虫害。病毒病会导致叶片、花瓣上出现变色斑点或扭曲变形的症状。由于病毒病无法治愈，如果发现植株患病，则应清理扔掉球根和种植用的盆土。如果在花苞、新芽上发现蚜虫，应立即驱除。

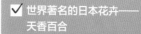

✔ **世界著名的日本花卉——天香百合**

在日本天香百合是一种常见的植物。天香百合因其硕大而美丽的花朵闻名于世，可以说是日本的代表性花卉。

1873 年，在维也纳世界博览会展出的日本天香百合让欧洲的人们感到震惊。自那以后，日本出口了大量的球根，成为当今园艺百合的重要原生品种。

天香百合

竹节秋海棠

秋海棠科　宿根草本植物、温室植物　株高 / 30~100厘米
花色 / ● ○ ● ●

月历

·1·2·3·4·5·6·7·8·9·10·11·12

| 防寒 | 开花期 | 防寒 |

种植、换盆、扦插

竹节秋海棠"桥本女士"

"普里马东那"

竹节秋海棠

原产于热带地区，惧怕寒冷

在众多秋海棠品种中，茎部直立呈弧形，植株灌木状生长的品种被称为竹节秋海棠。在全球的热带地区都能看到这类植物，但被培育成园艺植物的主要是原产于南美洲的品种。叶片尺寸大，有绿色的品种，也有带古铜色、银色斑纹的品种。有朱红色、橙色、粉色、白色等花色，簇拥开放的花朵会从叶柄底部垂下。

竹节秋海棠适合在避风、明亮的阴凉处种植。由于竹节秋海棠惧怕干燥，在阳台种植时，可以在地面铺上人工草坪并在上面洒水，弄湿地面。另外，还可以时常往叶片上喷水。

竹节秋海棠惧怕寒冷，冬季需要放在室内养护，保持10℃以上的温度。由于室

放在窗边的竹节秋海棠

内容易干燥，可以在竹节秋海棠的花盆外侧套上花箱，保持稳定的温度和湿度。花朵凋谢后，从花茎根部剪掉。

可以扦插繁殖

竹节秋海棠适合在5~6月换盆。盆土可选择草本花卉的专用土壤，并且混合30%的赤玉土，以提高排水性和透气性。此外，也可以选购专门为秋海棠调配的土壤。种植竹节秋海棠应使用较深、较大的花盆。

繁殖竹节秋海棠，可以采用扦插的方式。应选择健壮的枝茎，取2~3节作为插穗插入干净的土壤。务必选择带新芽的枝茎作为插穗。

施肥可选择花草用的专业缓释肥，每月再施3~4次液体肥料。停止生长的盛夏或冬季无须施肥。

竹节秋海棠有白粉病、叶螨、夜盗虫、根结线虫、根粉蚧等病虫害。如果植株受到根结线虫的侵害，应连花带土整盆清理，并通过扦插的方式重新种植。

充分利用叶片横向生长的特点

匍匐筋骨草

唇形科　宿根草本植物　株高 / 10~30厘米
花色 / ○ ● ●

月历
・1・2・3・4・5・6・7・8・9・10・11・12・

种植、换盆　　种植、换盆

开花期

原产于欧洲的优秀地被植物

　　匍匐筋骨草的基本花色为紫色，此外还有蓝色、粉色、白色等。匍匐筋骨草花量大，非常显眼。花期过后长出的蔓茎，其顶部会长出新芽进行繁殖。匍匐筋骨草除了叶片常绿的品种之外，也有斑叶的品种。

　　匍匐筋骨草适合在明亮的阴凉处种植。非斑叶品种的匍匐筋骨草也可以耐得住阳光直射。匍匐筋骨草耐寒，有一些品种的叶子在接触冷空气后会变为古铜色。匍匐筋骨草可以与春季开花的球根植物、铁筷子等一起种植，制作一个充满春的气息的组合盆栽。

粉花品种

凤仙花

在初夏到秋季绽放的花色鲜艳、十分耐养的花卉

凤仙花

凤仙花科　一年生草本植物、温室植物　株高 / 20~50厘米
花色 / ● ● ○ ● ● ●

月历
・1・2・3・4・5・6・7・8・9・10・11・12・

种植、换盆

开花期

接续开花的凤仙花属植物

　　市面上最常见的是非洲凤仙花的园艺品种。

　　凤仙花适合在通风良好的向阳处种植。由于会持续开花，需要时常摘除花梗。

　　到了夏季，凤仙花的花量减少，这时可以把植株移到明亮的阴凉处种植。在 7~8 月可以在有新芽的上方整形修剪。通过修剪可以促进分枝，增加花量。剪下的枝条可以作为插穗使用。

　　凤仙花通常作为一年生植物种植。冬季移到室内，保持 10℃ 以上的温度也可以越冬。

受到人们喜爱，既可赏花又可观叶的宿根草本植物

玉簪

百合科　宿根草本植物　株高 / 5~100厘米
花色 / ○ ●

月历
· 1 · 2 · 3 · 4 · 5 · 6 · 7 · 8 · 9 · 10 · 11 · 12 ·

种植、换盆　　　　　　　开花期

玉簪的组合盆栽

玉簪花

美丽的斑叶玉簪

拥有大大小小的各色品种

所有的玉簪品种原产于东亚地区，在日本也有众多品种。日本种植玉簪的历史悠久，曾经作为山野菜食用。玉簪也有许多杂交品种，是树荫花园中必有的植物。

玉簪茂密的叶片呈细长或椭圆状，颜色除了深绿色、浅绿色、鲜绿色以外还有众多斑叶品种。玉簪笔直向上生长的枝茎上端会开出喇叭状或钟状的花朵，花色为白色或紫色。

玉簪的大小各异。株型最小的秀丽玉簪株高约为 5 厘米，而大型品种则可以达到 1 米以上。每个品种的尺寸是固定的，可以提前了解想要种植品种的植株大小。

在组合盆栽中种植玉簪，可以选择小型或中型的品种。大型的玉簪根系发达，适合在大花盆中单独种植。

在阴凉处也可以观赏美丽的叶片

玉簪适合在通风、明亮的阴凉处种植。玉簪耐寒，无须做防寒措施。

玉簪适合在 2~3 月种植、分株。换盆时也需要小心操作，弄散根系，避免弄伤植株根部。选择有一定深度的大花盆种植玉簪。盆土选择草本花卉专用土壤，混合 30% 左右的赤玉土，以提高排水性和透气性。种植小型玉簪时应使用山野草的专用土壤。

在盆土表面干燥后充分浇水。在种植时可以作为基肥使用含磷量较高的肥料。此外，应在春季给植株施草本花卉用的缓释肥。

玉簪有病毒病、蚜虫等病虫害。病毒病会导致玉簪叶片上出现变色斑点或扭曲变形的症状，由于无法医治，如果植株感染病毒病，应连花带土一同清理扔掉。

小型品种可以用小花盆种植

独特的花形充满魅力
耧斗菜属

毛茛科　宿根草本植物　株高 / 15~50厘米
花色 / ○ ● ● ● ●

月历
· 1 · 2 · 3 · 4 · 5 · 6 · 7 · 8 · 9 · 10 · 11 · 12 ·
种植、换盆　　　开花期

原产于日本的一种耧斗菜

各类园艺品种也大受好评

　　北半球生长着众多品种的耧斗菜属植物，除了日本自然生长的耧斗菜，还有由原产于欧洲的欧洲耧斗菜、原产于北美洲的蓝花耧斗菜等不同品种培育的园艺品种。在花朵后面长有花距是耧斗菜属的特点。

　　耧斗菜属植物适合在通风、明亮的阴凉处种植。在盆土表面见干后浇水。冬季，耧斗菜属植物的地表部分枯萎，进入休眠期。种植、分株适合在休眠期进行。盆土可使用混合了 40% 赤玉土的排水性较好的土壤。

　　耧斗菜属植物虽然是宿根草本植物，但是生命周期相对较短，因此可以收集植株自然结出的种子，在 1~2 月进行播种，提前准备之后可以种植花苗。

西亚琉璃草 "Starry Eyes"

美丽的蓝色品种受到欢迎
琉璃草

紫草科　宿根草本植物　株高 / 20~50厘米
花色 / ○ ● ●

月历
· 1 · 2 · 3 · 4 · 5 · 6 · 7 · 8 · 9 · 10 · 11 · 12 ·
开花期
种植、换盆

蓝色花的西亚琉璃草广受喜爱

　　西亚琉璃草原产于土耳其，是一种株高约为 20 厘米的宿根草本植物。

　　琉璃草适合在明亮的阴凉处种植。相比之下，琉璃草更不喜欢高湿的环境，不宜浇水过勤。在盆土表面干燥后再浇水。应使用排水性、透气性好的土壤种植琉璃草。施肥过量会使枝茎徒长，因此需要施少量的缓释肥。

　　在大多数花凋谢后，剪掉枯萎的花茎。换盆和分株适合在每年发芽前的 2~3 月进行。琉璃草十分耐寒，无须做防寒措施。

拥有美丽叶片纹路的小型仙客来

仙客来（原生种）

报春花科　秋植球根植物　株高 / 10~15厘米
花色 / ○ ●

常春藤叶仙客来

月历

·	1 · 2 · 3 · 4 · 5 · 6 · 7 · 8 · 9 · 10 · 11 · 12 ·

小花仙客来开花期　　　　　　小花仙客来开花期　小花仙客
　　　　　　　　　　种植、换盆　　　　　　　来开花期

避免球根露出土表

　　最常见的原生种仙客来分为秋季开花的常春藤叶仙客来和花期在冬季至第二年早春的小花仙客来。常春藤叶仙客来的株高与园艺品种的仙客来差不多，小花仙客来的株高则为 10 厘米左右。这两种原生种的叶片上都长有美丽的花纹。

　　原生种仙客来可以接受秋季至第二年春季的阳光直射，但是它们更适合在明亮的阴凉处种植。此外最好能把植株放在可以避开长期降雨的位置。

　　原生种仙客来的种植适合在 8~9 月进行，种植时不要让球根露出土表，覆 1 厘米左右厚的土壤。由于原生种仙客来惧怕过于潮湿的环境，因此应待盆土表面干燥后再浇水。夏季在植株进入休眠期时，每月大约浇水 2 次，每次浇到土壤表面潮湿的状态即可。

白及

耐养的日本野生兰花品种

白及

兰科　宿根草本植物　株高 / 30~50厘米
花色 / ○ ● ●

月历

·	1 · 2 · 3 · 4 · 5 · 6 · 7 · 8 · 9 · 10 · 11 · 12 ·

　　　　　　开花期
　　　　种植、换盆

日本也有的一种耐养的兰花

　　白及是一种野生兰花，分布在日本及中国的温暖地区。此外，市面上也能看到原产于中国南部的小白及和开放黄色花朵的黄花白及等近缘品种。

　　白及的根系相当发达，适合选择有一定深度的大花盆种植。换盆时，剪掉 1/2 左右的根系也没有关系。

　　白及适合在向阳处种植，同时也可以在有上午半天阳光的半阴处种植。在盆土表面见干后充分浇水。

　　冬季，白及地表部分枯萎，进入休眠期。白及需要放在可以避开北风和雨雪的位置，并需要罩上防寒布进行养护。

除了普通的花盆，同样也适合悬挂花盆、组合盆栽的植物

蔓长春花

夹竹桃科　宿根草本植物　株高 / 20~30厘米
花色 / ○ ●

月历
・1・2・3・4・5・6・7・8・9・10・11・12・

开花期

种植、换盆　　　　　　　种植、换盆

生长旺盛的蔓状茎

　　蔓长春花是一种原产于欧洲的植物。蔓长春花的叶片常绿、富有光泽，同时也有斑叶的品种，常作为地被植物种植。

　　蔓状茎可以生长到 2~3 米，在枝茎有许多生根的点，蔓长春花会通过这些点繁殖。蔓长春花会长得相当茂盛，种植时需要预留 2 株左右的空间。新芽开始生长时应剪掉去年以前生长的所有老旧枝茎，否则整个植株会看起来相当拥挤。

　　蔓长春花适合在明亮的阴凉处种植。在盆土表面干燥以后浇上充足的水。蔓长春花是一种极为耐寒的植物，无须做防寒措施。

斑叶的蔓长春花

蓝紫色的"夏日浪潮"系列品种

夏季开花的小巧玲珑的花卉

蝴蝶草属

玄参科　一年生草本植物　株高 / 30厘米左右
花色 / ○ ● ● ●

月历
・1・2・3・4・5・6・7・8・9・10・11・12・

播种

种植

开花期

蝴蝶草属植物不喜干燥，需要充分浇水

　　蝴蝶草属植物原产于亚洲的热带地区，最常见的是俗称"夏堇"的蓝猪耳。此外，茎叶茂盛的夏日浪潮系列也很受欢迎。

　　直接购买蝴蝶草属植物花苗种植最为方便。植株会长到起初的 3 倍左右，种植时应留出植株间隔。若种植匍匐性的品种，每个花盆种 1 株即可。

　　蝴蝶草属植物适合在向阳处种植，在明亮的阴凉处也可以生长。蝴蝶草属植物讨厌干燥，湿润一些的环境更有利于植株生长，因此在盆土表面开始干燥时再充分浇水。另外，还需要时常清理花梗。

腺毛肺草

紫草科　宿根草本植物　株高 / 20~30厘米
花色 / ○ ● ●

月历											
· 1 ·	2 ·	3 ·	4 ·	5 ·	6 ·	7 ·	8 ·	9 ·	10 ·	11 ·	12 ·

开花期

种植、换盆　　　　　　　　　　　种植、换盆

拥有美丽斑叶的腺毛肺草

注意夏季防暑

　　腺毛肺草原产于欧洲至西亚地区。腺毛肺草在日本较为少见，但在欧洲是树荫花园中经常种植的植物。由于腺毛肺草惧怕炎热，虽然在寒冷地区可以作为宿根草本植物种植，但在温暖地区需注意夏季的养护。

　　腺毛肺草发芽前的早春或秋季是适合种植的季节，应使用排水性、透气性好的土壤种植。腺毛肺草适合在明亮的阴凉处种植，在盆土表面干燥时充分浇水。相比之下腺毛肺草不喜欢高湿的环境，需避免浇水过频、过量。

　　腺毛肺草十分耐寒，无须做防寒措施。由于它是一种生长缓慢的植物，需要较长的时间才能长到适合观赏的程度。

株型小巧、不占用空间的粗齿绣球

粗齿绣球

绣球花科（虎耳草科）　灌木　株高 / 30~100厘米
花色 / ○ ● ● ●

月历											
· 1 ·	2 ·	3 ·	4 ·	5 ·	6 ·	7 ·	8 ·	9 ·	10 ·	11 ·	12 ·

种植、换盆　　开花期

扦插

避免植株缺水

　　粗齿绣球是一种种植历史悠久的花木。其由于丰富的花色和玲珑的姿态，近年来又重新受到关注。

　　粗齿绣球适合在明亮的阴凉处种植。粗齿绣球虽然耐寒，但是惧怕干燥，因此需要放在避开北风的位置养护。虾夷绣球花系的品种尤为惧怕湿度不够的环境，不适合在阳台种植。

　　粗齿绣球适合在 2~3 月换盆，应在这段时间修剪瘦弱的枝条和枯枝。由于花芽生长在枝条顶端，因此剪掉枝条前端会导致无法开花。

　　粗齿绣球惧怕缺水，在盆土表面开始干燥时就应充分浇水。

小花簇拥、花序精美的植物

落新妇

虎耳草科　宿根草本植物
株高 / 30~50厘米
花期 / 5~9月
花色 / ○ ● ●

落新妇适合在阴凉处种植，应避免植株缺水。换盆适合在 2~3月 或 9~10月 进行。冬季地表部分枯萎，植株进入休眠期。

美丽的小型灌木

波罗尼亚花

芸香科　灌木、温室植物
株高 / 30~100厘米
花期 / 3~5月
花色 / ○ ○ ●

纤细的枝茎上长有细长的叶片，开放芳香的花朵。夏季养护在避雨的场所，冬季保持 5℃ 以上的温度。

白色钩边的叶片十分精美

活血丹

唇形科　宿根草本植物
株高 / 5~10厘米
花期 / 4~5月
花色 / ●

蔓状茎生长旺盛，在地面匍匐生长。常绿的叶片十分耐寒，无须防寒。春季会开出浅紫色的花朵。

原产于澳大利亚的常绿树

白千层

桃金娘科　木本植物、温室植物
株高 / 1.5~15米
花期 / 4~5月
花色 / ○

纤细的枝条上长有细长的叶片，叶片和树枝散发芳香气味。由于植株不生长到一定大小不开花，因此可作为观叶植物种植。

只开一晚的硕大花朵

昙花

仙人掌科
多年生草本植物、温室植物
株高 / 150~300厘米
花期 / 6~9月
花色 / ○

春季、秋季在向阳处种植，夏季在明亮的阴凉处种植。冬季在不低于 10℃ 的室内养护。干燥后应充分浇水。

自古就作为地被种植的常绿植物

阔叶山麦冬

天门冬科、百合科
宿根草本植物
株高 / 30~50厘米
花期 / 8~9月
花色 / ○ ● ●

阔叶山麦冬适合在明亮的阴凉处种植。可以每 2 年修剪 1 次，剪掉抽芽处的老旧叶片，可以让植株显得更加整洁。

也可以观叶的植物

延命草

唇形科　多年生草本植物
株高 / 20~60厘米
花期 / 6~10月
花色 / ○ ● ●

茎部会不断延伸，可通过摘心促进分枝。日照时间变短后会开始生成花苞。冬季养护在室内，并保持 5℃ 以上的温度。

叶片也十分美丽的小型藤蔓植物

野芝麻

唇形科　宿根草本植物
株高 / 10~20厘米
花期 / 4~5月
花色 / ○ ●

野芝麻春、秋季适合在明亮的阴凉处种植，夏季适合在凉爽的场所种植。野芝麻十分耐寒，无须做防寒措施。在花朵凋谢后剪掉枯萎的花茎。

适合室内种植的
盆栽植物

许多植物都喜欢明媚的阳光，适宜在阳台及
户外种植，而具有耐阴性的植物、不耐寒的
植物则放在室内观赏。一盆花卉，就能在室
内空间营造出温馨快乐的气氛。

仙客来

仙客来是典型的冬季盆栽花卉，
又有众多种类。在室内种植时适
合摆在阳光明媚的位置，但也要
注意温度过高会使植株衰弱，花
朵很快凋谢。

适宜在室内种植的植物品种及摆放场所的注意事项

观叶植物就是适合在室内种植的代表性植物，多为
多年生植物，主要分布在热带和亚热带。观叶植物种类
丰富，有不同的株型和叶形。

适合在室内种植的花卉有仙客来、非洲紫罗兰、洋
兰等品种，进入花期后，摆在房间里便可长期观赏。即
使是种在室外和阳台上的植物，也可以在花朵盛开时搬
入室内，交替地用盆栽点缀房间也是不错的主意。

既然在室内装饰，还可在花盆样式方面下一些功夫。
可以根据房间的装潢风格选择不同的花盆和花盆套，还
可以种植组合盆栽，增添室内养护的乐趣。

室内种植时还需注意采光。有阳光的窗边最适宜摆
放盆栽。有些植物不喜强光，也可用纱帘进行遮挡。此
外还要考虑通风条件。适当地开窗通风，避免花盆内部
出现闷湿、不透气的情况。

另外，空调附近、玄关等温差较大的场所，不适合
种植植物。

非洲紫罗兰

非洲紫罗兰是一种非耐寒性多年生
草本植物，原产于非洲，适合在
20℃左右的环境中种植，通常全年
都在室内种植。非洲紫罗兰喜湿润，
应定期在叶片上喷水。

瓜叶菊

大部分市面上的盆栽瓜叶菊都是在温室栽培的，适合放在室内窗边种植。虽然植物能承受1~2℃的低温，但最低温度最好控制在5~10℃。

蝴蝶兰

作为送礼用的花卉，蝴蝶兰十分受欢迎。蝴蝶兰的特点是不耐寒，喜高温、高湿。可以在花谢后从底部剪掉残花和花茎，并每盆1株分开种植。

大花蕙兰

日本最常见的一种洋兰，相对抗寒，好养。有花茎直立或下垂等不同品种。

一品红

一品红是原产于墨西哥的花卉苗木。春季和秋季可以搬到室内装饰房间，夏季可以在阳光充足的室外种植。经过短日照处理后一品红的花苞也会在圣诞节前后变红。

卡特兰

卡特兰花朵鲜艳华丽，有着"兰花之王"的美誉，品种丰富，有不同大小的品种。夏季可在遮阳的户外种植。

文心兰

会开出许多小花的文心兰是一种复茎类兰花，多数品种在秋、冬季盛开。最常见的文心兰只要温度在5℃以上就能越冬。

点缀阳台的
彩叶植物

即使阳台种满花卉盆栽，在不怎么
开花的季节也会显得有些冷清。这
个时候，我们就可以种植一些观叶
植物。通过组合不同叶色，可以营
造出一个良好的空间。

即使只有观叶植物，通过叶片形状的不同也能做出层次

**既可以做阳台的主角，也可以在组合盆
栽中充当配角的观叶植物**

　　除了种植不同的花卉以外，聪明地选择
搭配彩叶植物也是提升阳台格调的诀窍。组
合不同颜色、形状的叶片做出层次，观叶植
物就能成为阳台上的黄金配角，为空间增添
亮点。另外也可以单独种植绿植。组合盆栽
中可以积极地选择观叶植物，来衬托艳丽的
花朵。可以让大型的观叶木本植物做阳台上
的主角，也可以在组合盆栽中种植小型的观
叶植物、观叶苗木，来装饰小小的空间。

　　除了绿色以外，彩叶植物还有银色、古
铜色、斑点花纹等不同叶色，以及丰富的叶
形，可以根据不同需求进行选择。

光蜡树给人一种清爽的感觉。大
型的光蜡树能称为阳台的主角

市面上有不同种类的针叶苗木，
可以在组合盆栽中种植

你值得拥有的 木本植物

大一些的木本植物可以作为阳台上的主花种植。

枫树

枫树是一种可以观赏绿色、红色等叶色的枫树属植物，喜好水分适度、富含营养的土壤。

橄榄

橄榄是一种受欢迎的观叶植物，适宜在阳光充足、略微干燥的环境中种植。

具柄冬青

具柄冬青是冬青科的常绿树，叶片椭圆、硬质，是一种树势适中、容易打理的树木。

绿植

明亮的叶片与花卉交相呼应，深色的叶色则能衬托花卉的艳丽。

常春藤

常春藤是一种观叶的藤蔓植物，耐干、耐寒，容易与其他植物进行搭配。

千叶兰

千叶兰是一种藤蔓植物，叶子呈圆形，可用于组合盆栽，也可作为地被植物。

新娘草

新娘草的特点是茂盛的叶子和白色的小花。使用吊盆种植会更加美观。

银叶植物

可与花卉搭配，形成柔和的色调。

银叶菊

银色的叶子上长着茸毛，常用作组合盆栽。

野芝麻

野芝麻是一种耐养的植物，会贴着地面延伸前端直立的茎部。野芝麻可以用来组合种植，也可种在吊盆里。

蜡菊

蜡菊是菊科植物，有嫩绿色、银色等叶色。虽然是一种耐养的植物，但惧怕过湿的环境。

古铜色叶片

古铜色叶片有着独具魅力的色彩，成为阳台空间的亮点。

头花蓼

头花蓼是一种沿着地面生长的宿根草本植物。初夏至晚秋为开花期，会开出粉色的花朵。

观赏甘薯

观赏甘薯是甘薯的观叶品种，为一种叶色暗红的宿根草本植物。

枫叶天竺葵

枫叶天竺葵是天竺兰的园艺品种，叶片会像枫叶一样变红，春季至秋季为开花期。

斑叶类和花叶类

在叶片上呈现白色及黄色斑点的品种，别有一番韵味。

蔓长春花

蔓长春花是夹竹桃科的一种常绿蔓性植物。春季至初夏期间，会开出蓝紫色的花朵。

亚洲络石"初雪"

亚洲络石"初雪"为亚洲络石的斑叶品种，是一种蔓性常绿灌木，其嫩芽呈浅粉色。

嫣红蔓

嫣红蔓是原产于非洲的观叶植物，叶片上有白色、粉色的细斑，株高为10~20厘米。

条形、剑形叶片

叶片呈长条形的一类观叶植物，用于组合盆栽，营造自然格调。

苔草

苔草为主要欣赏叶片的植物，有不同的品种，颜色和叶片宽度种类丰富。

黑麦冬

黑麦冬为麦冬的园艺品种，其特点是黑色的叶片。

血草

血草是白茅的园艺品种，叶尖呈紫红色，颜色鲜明，喜欢较为湿润的土壤。

可以在强风环境中种植的花卉

特别是在楼房等高层，刮大风是在所难免的。

在这样的环境中，盆土也会更容易干燥。

你是否想选择一种耐强风、耐干旱的植物，

欣赏那些美丽的花卉呢？

备受欢迎的蓝色宿根花卉

蓝星花

旋花科　多年生草本植物、温室花卉　株高 / 30~60厘米
花色 / ●

月历

| ·1·2·3·4·5·6·7·8·9·10·11·12 |

开花期

| 防寒 | | 种植、换盆 | 整形修剪 | | 防寒 |

蓝星花的蓝色小花

枝茎横向延展

匍匐生长的半蔓性植物

蓝星花原产于南美洲，茎上有茸毛，半蔓性，枝条前端开出数朵直径为1厘米左右的蓝色花朵，形似小小的牵牛花。蓝星花不会攀缘于其他物体，而是匍匐生长，因此也适合种植在吊盆或壁挂花盆。

换盆或种植适合在每年5~7月进行。花苗可以直接种植，如果是越冬的较大的植株，则去掉一些盆土，修剪根系再换盆种植。盆土使用排水性好的草本花卉用土即可。较小的幼苗也会长开，因此6~7号（直径为8~21厘米）大小的花盆中种上1株即可。

冬季放在室内管理

蓝星花适合在向阳处种植。上午有阳光的阴凉处也可以种植，但光线少会导致花量相对减少。

待盆土表面干燥后充分浇水。相较之下，蓝星花不适应过湿的环境，可以在枝条前端略微萎蔫时

再浇水。梅雨天等天气，需搬到不淋雨的地方，避免被淋湿。

在蓝星花生长的春季到秋季，每月施3次草本花卉用的液体肥料。

蓝星花并不十分耐寒，冬季最好置于室内，维持5℃以上的温度环境。气候温暖的地区则可以罩上塑料布，以防霜冻。

7~8月进行修剪，剪掉长得过于茂盛的枝叶。剪下来的枝茎可以用于扦插，为以后种植预留花苗。将扦插的茎剪成10厘米左右的长度，去掉枝条下端的叶片，用刀片重新切一下茎部的断面再沾上生根剂插入蛭石等干净的土壤中。也可以先泡在水里，待长出根系后再植入土中。

扦插的枝条会往上长，所以可以对其摘心，促进分枝。可通过3~4次摘心的工作，调整整株的形态。

蓝星花，除了叶螨，不会有太多虫害。发现叶螨时，尽早用药剂驱除。

鲜亮夺目的花朵受到欢迎

勋章菊

菊科　多年生草本植物、温室花卉　株高 / 15厘米左右
花色 / ● ● ○ ●

月历

·1·2·3·4·5·6·7·8·9·10·11·12·

| 防寒 | 开花期 | 防寒 |

| 种植、换盆 | 种植、换盆 |

黄色品种

橙色品种

只在晴天绽放的花卉

勋章菊是一种园艺植物，原种原产于南非。其叶片常绿、较厚，虽然外形略似蒲公英，但会伸展挺立的茎秆，以灌木状生长。可用吊盆或壁挂花盆种植，也可在庭院中作为地被植物种植。

有黄、橙、乳白、朱红、紫、褐等花色的硕大花朵。勋章菊只在晴天盛开，夜晚及阴雨天则会闭合。

除了绿叶类的品种，还有些拥有像绵毛水苏一样毛茸茸的灰白色叶片的园艺品种，即使不是开花期也可以观赏叶片。

适宜在春、秋季换盆

适合在 4~5 月或 9~10 月种植或换盆。盆土在草本花卉用土中混合 30% 左右的赤玉土，以提高排水性和透气性。种植时适当舒展从育苗盆中取出的根系。勋章菊长势喜人，会长成数倍的大小，因此需要确保充分的空间。其株型会自然长成规整的样子。

可在换盆时分株，也可通过扦插调整株型。分株最佳时机与秋季换盆时期相同。

勋章菊不喜过于湿润的环境，适合在不淋雨的环境下种植

勋章菊最好避开雨雪，在有阳光的通风环境中种植。勋章菊并不十分耐寒，冬季适宜在 5℃以上的环境中种植，或盖上防霜的防寒布，放置在没有北风的地方。

这种植物不喜过于湿润的环境，应待盆土表面见干后再充分浇水。花不沾水能开放得更久，浇水时避免从上方浇下，最好直接浇在植株根部。

应剪掉枯萎凋谢的花朵。

肥料使用草本专用的缓释肥，每月施 3 次草本专用的液体肥料。夏季不用施肥。

勋章菊的花、花苞可能会被蚜虫侵害，需尽早使用专用的药剂驱除。

骨子菊属

菊科　多年生草本植物、温室花卉　株高 / 15~30厘米
花色 / ● ● ○ ● ●

月历

| ·1 · 2 · 3 · 4 · 5 · 6 · 7 · 8 · 9 · 10 · 11 · 12 |

開花期　　　　　　　　開花期

防寒　　　　种植、换盆、整形修剪　　防寒

与叶牡丹、常春藤混种的骨子菊

匙状花瓣的品种

与异果菊杂交的黄色骨子菊

清新淡雅之美

　　骨子菊属植物是由原产于南非的品种培育的园艺品种，拥有常绿的革质叶片，枝茎一边分枝、一边缓和地向四周伸展。骨子菊属植物花形简洁，也有匙状花瓣的品种，有白、紫、粉、黄、橙等花色，同时也有花蕊发蓝的品种。花期长，可以欣赏较长的时间。

　　近几年通过与近缘种的异果菊杂交，诞生了不少新品种。这些杂交品种的长势更快，并且拥有更加丰富的花色。

适合在通风处种植

　　种植、换盆适合在 6 月及 9~10 月进行。盆土使用草本花卉用土壤，混合 30% 的赤玉土，可增加排水性和透气性。种植时用手适当舒展从育苗盆中取出的根系。该属植物日后能够长到种植时 2 倍以上的大小，因此需要在植株周围留出足够的成长空间。这样也可以确保通风，降低患病虫害的概率。

　　该属植物适合在通风、向阳的环境中栽培。只

有盛夏需要移到光线明亮的阴凉处。最好选择避雨避雪的场所栽培。

　　骨子菊属植物并不十分耐寒，冬季需要放置在温度为 5℃ 以上的室内，在室外则要放在避开北风吹过的场所，并需盖上防寒布进行防寒。

　　骨子菊属植物惧怕过湿，应待盆土表面干燥后再充分浇水。不淋雨的花朵可以开放得更久，因此浇水的时候也要避免从上方浇下，而是直接浇到根部的土壤上。

　　在花谢后剪下花梗。如果枝茎长得过于茂盛，通常在 6~9 月整形修剪，或者也可以在换盆时修剪。骨子菊属植物可通过插芽繁殖。特别是与异果菊的杂交品种生命周期较短，最好提前准备后继使用的植株。

　　施肥时应使用草本花卉用的缓释肥。液体肥料除了夏季不施，其他时期每月施 2 次。

　　花苞和花朵上可能会发生蚜虫、灰霉病等病虫害。蚜虫需用专用的药剂尽早驱除。灰霉病可以通过即时清理花梗有效防治。

清透的美丽浅蓝色花朵
天蓝尖瓣藤

夹竹桃科（萝藦科）　多年生草本植物、温室花卉　株高 / 约1米
别名 / 天蓝尖瓣木　花色 / ○ ● ●

月历
· 1 · 2 · 3 · 4 · 5 · 6 · 7 · 8 · 9 · 10 · 11 · 12 ·

开花期

防寒　　　　　种植、换盆　　　　　　防寒

搭建支架，牵引茎蔓

　　天蓝尖瓣藤原产于南美洲，常绿的枝茎蔓性生长，会开出浅蓝色的花。

　　种植、换盆适合在 5~6 月进行。在盆土中混合约30%的赤玉土，以提高排水性和透气性。需要搭建支架，牵引茎蔓，并通过摘心促进分枝。长势过于茂盛时可将植株整形修剪至整体的 1/2 左右。剪下的枝茎可以进行扦插繁殖。

　　天蓝尖瓣藤适合在向阳处或明亮的阴凉处种植。冬季温度需保持在5℃以上，或盖上防寒布置于吹不到北风的位置。

　　天蓝尖瓣藤不喜过湿，应待盆土表面干燥以后再浇水。

天蓝尖瓣藤

拥有美丽星形花朵的小型风铃草
波旦风铃草

桔梗科　宿根草　株高 / 约10厘米
别名 / 波旦吊钟花　花色 / ●

月历
· 1 · 2 · 3 · 4 · 5 · 6 · 7 · 8 · 9 · 10 · 11 · 12 ·

种植

开花期

惧怕炎热，夏季需要注意

　　波旦风铃草是原产于欧洲东部的常绿多年生草本植物，会开出许多吊钟状的蓝紫色花朵。风铃草种类繁多，但想在阳台上种植风铃草，建议选择波旦风铃草、匙叶风铃草、加尔加诺风铃草等小型品种。

　　适合在 2~3 月种植。波旦风铃草通常在向阳处种植，夏季则需要搬移到明亮的阴凉处。波旦风铃草惧怕炎热，最好可以在盆栽外侧套一个大两圈的花盆（双重盆），并在缝隙里塞上鹿沼土或小颗粒的轻石来缓解酷暑。冬季只要避开北风种植就可以越冬。

波旦风铃草的盆栽

77

青葙

苋科　一年生草本植物　株高 / 13～100厘米
别名 / 鸡冠花　花色 / ● ● ● ● ●

月历
· 1 · 2 · 3 · 4 · 5 · 6 · 7 · 8 · 9 · 10 · 11 · 12 ·

开花期

播种

球状的久留米青葙

粉色的青葙

穗状青葙"浴衣"

自古以来就受到人们喜爱的植物

青葙原产于印度，在日本的种植历史也很悠久，可以追溯到天平年间。

青葙有不同品种，有传统种植的像鸡冠一样的凤尾青葙系，有花穗呈半球形的久留米青葙系，有圆锥形的穗状青葙系等种类。花色有红、粉、黄、黄绿、橙等不同颜色。近几年市面上还有原产于美洲热带的青葙，分枝上长着白色、粉色、红紫色的细长花穗。尾穗苋、雁来红是同类不同种的植物。

由于青葙不喜移栽，需要播种

青葙可以采用直接播种的方式培育。由于青葙需要较高的发芽温度（20℃以上），最好在5月之后播种。此外，青葙不喜移栽，可在盆里直接播种，或者在育苗盆种植后，在不弄散根系的情况下移植到花盆。直接购买市面上的开花苗制作组合盆栽时，也要小心操作，避免破坏根系。

如果希望青葙长成矮小的株型，可以把种子播得密一些；希望株型较大时，要保证15厘米的植株间隔。

青葙不耐阴，适合在通风的向阳处种植。大型植株需要搭建支架支撑，防止倒伏。

在盆土表面干燥后再充分浇水。施肥使用草花卉专用缓释肥，但要注意适量，否则就会徒长，只长叶子不开花。长出花苞后，需暂停施肥。会有蚜虫、灰霉病等虫害和病害，但发生率较低。如果患病，则用专用药剂驱除、防治。

穗状青葙"世纪"

孩子都喜欢的外形独特的花朵

蒲包花

荷包花科（玄参科） 一年生草本植物 株高 / 30~50厘米
别名 / 荷包花 花色 / ● ● ●

月历
· 1 · 2 · 3 · 4 · 5 · 6 · 7 · 8 · 9 · 10 · 11 · 12 ·

播种

防寒 开花期 防寒

花形较小的高秆品种蒲包花"米达斯"

最好购买开花植株种植

蒲包花原产于南美洲，会开出许多形似荷包的花朵。常见的是盆栽用的矮秆品种，此外也有高秆的园艺品种。

种子极小不好操作，建议直接购买开花植株。蒲包花适合在通风、避雨的向阳处种植。待盆土表面干燥后再充分浇水。应时常剪掉花梗和枯叶，让植株保持干净的状态。

肥料选择草本花卉专用的缓释肥，另外每月施 2 次液体肥料。

味道清新的香草

香桃木

桃金娘科 灌木 株高 / 1~3米
花色 / ○

月历
· 1 · 2 · 3 · 4 · 5 · 6 · 7 · 8 · 9 · 10 · 11 · 12 ·

开花期

防寒 种植、换盆 防寒

还可用于园艺造林

香桃木是原产于地中海沿岸的常绿灌木，有着茂密的细枝，会开出白色的花朵。香桃木叶片碾碎以后会散发芳香，因此也作为香草使用。香桃木会不断地发芽，可以经常修剪，因此人们将其用于园艺造林。另外，还有园艺品种的香桃木，如斑叶品种及叶片较小的小叶香桃木等。

香桃木适合放置在通风的向阳处。香桃木不喜高湿环境，应待盆土表面干燥后再浇水。如果枝条过于茂密，可在开花期后适当修剪。香桃木不耐寒，冬季需盖上防寒布，放在吹不到北风的场所养护。

香桃木

79

雨后开花的小型球根植物

葱莲属、美花莲属

石蒜科　春植球根植物　株高 / 10~20厘米
花色 / ● ○ ●

月历
· 1 · 2 · 3 · 4 · 5 · 6 · 7 · 8 · 9 · 10 · 11 · 12 ·

开花期

种植

葱莲属"樱姬"

美莲花属"珍宝"

葱莲属"桃之里"

在雨后开花

　　葱莲属植物是原产于南美洲的春植球根植物。最常见的常绿狭线形茎叶的葱莲会开出白色花朵。除此之外还有带状叶片、开放粉色硕大花朵的韭莲，以及开黄色花朵的黄花葱莲等品种。

　　美花莲属是一种与葱莲属非常相似的球根类植物，市面上时而能看到开粉色花的美花莲属"萝卜丝"。

　　虽然难以区分葱莲属和美花莲属，但葱莲属植物的花朵通常向上开放，美花莲属植物的花朵通常向斜上或者侧面开放。两个属的花卉都被称为风雨兰，命名源于其开放的特点。在连续10多天无雨或不浇水等较为干燥的状态下降雨或浇水，过几天风雨兰就会一起开放。

待盆土表面干燥后再浇水

　　球根的种植或换盆在4~5月进行。选择草本花卉用土，混合约30%的赤玉土，以提高土壤的排水性和透气性。种植时在球根上方覆约3厘米厚的盆土，把球根种得深一些。

　　风雨兰适合种植在通风的向阳处。除了葱莲，其他品种最好安置在避雨、避雪的场所。

　　待盆土表面干透后再充分浇水。如果想让风雨兰齐花绽放，可以断水待叶片发蔫后1~2天再浇水。这样风雨兰会同时长出花苞，绽放花朵。开花后需及时摘除和清理残花。

　　到了叶片开始干枯的季节需控制浇水量，让盆栽保持略干燥的状态，并放置在不淋雨的场所。风雨兰不耐寒，冬季需盖上防寒布，放在不会被北风吹到的地方。

　　肥料选用草本花卉用的缓释肥。另外，每月施3次液体肥料。

　　有时花苞会受到蚜虫的侵害，需尽早用专用药剂驱除。

智利喇叭花

茄科 一年生草本植物 株高 / 30~50厘米
别称 / 美人襟 花色 / ● ● ● ● ●

月历

| · 1 · 2 · 3 · 4 · 5 · 6 · 7 · 8 · 9 · 10 · 11 · 12 · |

防寒　　　　　　开花期　　　　　防寒

播种　　　　　　播种

带脉纹的花瓣令人过目难忘

在市面上能买到的是由产于南美洲西部的品种培育成的园艺品种的智利喇叭花，花朵色彩缤纷，有独特的脉纹。

智利喇叭花可以播种繁殖。由于温度较高时才会发芽（20℃以上），适宜在 5 月和 10 月播种。可以用育苗盆播种，长出 6~7 片真叶时再定植。秋季播种的花苗需放入室内，让温度维持在 5℃以上，或置于没有北风吹过的场所，使用防寒布防寒。

淋雨不利于智利喇叭花的生长，智利喇叭花适合在避雨的向阳处种植。待盆土表面干燥后浇水。浇水时也需避免从上端浇水，尽可能从根部浇入。

智利喇叭花

千日红

千日红

苋科 一年生草本植物 株高 / 30~50厘米
别名 / 火球花 花色 / ● ○ ● ●

月历

| · 1 · 2 · 3 · 4 · 5 · 6 · 7 · 8 · 9 · 10 · 11 · 12 · |

播种

种植

开花期

做干花应尽早采收花朵

千日红中有原产于中南美洲、开红色系花朵的普通千日红，以及开黄色与红色花的细叶千日红等品种。这些植物的花朵颜色保持时间长，可制成干花。被称为千日小坊的是一种花形较小，会横向开出许多小花的花卉。

直接购买花苗种植比较容易上手。适合在 5 月以后种到花盆中，种植时应确保植株间隔。

千日红适合在通风的向阳处种植。待盆土表面干燥后再往根部浇水。如需制成干花，建议在花色还较为鲜艳时采收，并放在阴凉处风干。

花瓣带有金属光泽的球根花卉

娜丽花

石蒜科　夏植球根植物　株高 / 20~50厘米
别名 / 钻石百合　花色 / ● ○ ● ●

月历
· 1 · 2 · 3 · 4 · 5 · 6 · 7 · 8 · 9 · 10 · 11 · 12 ·

| 种植、换盆 | 开花期 |
| 防寒 | 防寒 |

白色花朵的园艺品种

鲍氏尼润

娜丽花的盆栽

彼岸花的同类，原产于南非

　　娜丽花是一种原产于南非的植物。虽然外表与彼岸花相似，但花期持久，可以持续开放2周左右。

　　广泛种植的品种是萨尼亚娜丽花，这种花卉也会作为切花使用。秋季到次年春季是萨尼亚娜丽花的生长期，而在夏季它会进入休眠期。它有红、白、粉、橙、浅紫等丰富的花色。

　　而耐养的鲍氏尼润、南非尼润兰等品种是春季到夏季生长的品种，会开粉色或白色的花朵。

冬季需要采取一些防寒措施

　　娜丽花适合在通风的向阳处种植，需要放在避雨、避雪的位置。夏季需要搬到有晨光照入的半日阴的位置。娜丽花不耐寒，冬季温度需保持在5℃以上，或放在没有北风的地方，盖上防寒布。在花朵凋谢后，需从根部剪掉。每修剪1株都需要对剪刀等刀具进行消毒，用火烧一下刀刃。

　　换盆适合在2~3月进行。重新种植后温度应保持在5℃以上。换盆时避免破坏根系，小心操作。盆土可用混合约30%赤玉土的多肉或仙人掌类用土。种植时球根较尖的一端朝上，露出土表，不能把整个球根都埋入土中。使用较小的花盆为宜，应选择比球根大一圈的尺寸（参考数值：3.5~4号盆中种1个球根）。

　　娜丽花只能靠球根的增长进行繁殖，因此种植大株的娜丽花需要较长的时间。

　　娜丽花不喜过于湿润的环境，应待土表干燥后再充分浇水。花朵不淋雨能够开放更长的时间，因而浇水的时候也要直接浇到植株根部，避免花瓣沾水。在植物进入休眠期时，晾干整个花盆并安置在避雨的地方养护。

　　施肥时应选择含磷量较高的缓释肥，种植时在盆土中掺入少许肥料即可。花朵和花苞上可能会发生蚜虫的病虫害，用专用药剂尽早驱除。

种在小花盆里也好看的原产于南非的小型球根花卉

小鸢尾

鸢尾科　春植球根植物　株高 / 30~50厘米
花色 / ● ● ○ ● ● ●

月历
·1·2·3·4·5·6·7·8·9·10·11·12·

| | 开花期 | | 种植、换盆 | |
| 防寒 | | | | 防寒 |

避免降雪和霜冻

　　小鸢尾原产于南非，纤细的花茎上会开放鲜艳的花朵。

　　小鸢尾适合在9~10月种植，5号盆中大约可以种7个球根。用混合30%左右赤玉土的盆土种植，保证土壤的排水性和透气性。另外，为了防止倒伏，还需搭建支架。

　　小鸢尾适合在向阳处种植。冬季保证5℃以上的温度。待土表干燥后再充分浇水。

　　在夏季到来之前，小鸢尾的叶片枯萎并进入休眠期。应在叶片开始枯萎时，停止浇水，晾干整个盆栽后放在不淋雨的地方养护。最好每年都在秋季换新的土壤重新种植。

小鸢尾

长星花

开出许多青紫色的玲珑小花而备受喜爱

长星花

桔梗科　一年生草本植物　株高 / 约30厘米
别名 / 彩星花　花色 / ○ ● ●

月历
·1·2·3·4·5·6·7·8·9·10·11·12·

| 防寒 | | 开花期 | | 防寒 |
| | 种植、换盆 | 整形修剪 | | |

通过修剪，增加花量

　　原产于澳大利亚的长星花会相继绽放青紫色的星形花朵。

　　长星花适宜在4~5月用排水性、透气性好的盆土种植，可使用混合30%左右赤玉土的土壤。种植时确保植株株间隔。长星花适合放在通风、向阳、可以避开长期降雨的位置种植。待土表干燥后再浇水。浇水时直接浇在植株根部。为了防止植株结籽，应经常清理花梗。

　　夏季整形修剪1~2次，可促进分枝，增加花量。长星花虽然作为一年生的植物种植，但冬季温度保持在5℃以上时也可越冬。气候温暖的地区可以在户外越冬。

蓝色花朵充满魅力，斑叶品种也广受欢迎

蓝菊

菊科　温室花卉、一年生草本植物　株高 / 30厘米
别名 / 费利菊　花色 / ○ ●

月历
|·1·2·3·4·5·6·7·8·9·10·11·12|

| 开花期 | | 开花期 |
| 防寒 | 种植、换盆 | 种植、换盆 | 防寒 |

蓝菊

斑叶的白花品种

斑叶的蓝花品种

主要能买到的蓝菊有两种

蓝菊是一种原产于南非的植物。市面上销售的主要有两种，一种是常绿、灌木状生长的蓝菊，另一种是属于秋播一年生草本品种的异叶蓝菊。

蓝菊的花瓣呈白色或蓝色，花心为黄色。此外，还有斑叶品种，可供全年欣赏。

异叶蓝菊的花瓣为蓝色，花心是浅蓝色。

在春秋两季种植

蓝菊适合在 5~6 月及 9~10 月种植、换盆。种植或换盆时应稍微疏散根系。盆土选择草本花卉用土，混合 30% 左右的赤玉土，确保土壤有良好的排水性和透气性。植株会长到种植前 2~3 倍的大小，因此种植时需保证植株周围的空间。

如果枝茎长得过于茂盛，可在花期过后修剪整体的1/3。另外，还可在种植的季节通过扦插繁殖植株。

从种子开始种植

异叶蓝菊适宜在 9~10 月播种，待具有 2 片真叶时移入育苗盆，长到一定程度后再定植到花盆中。移植花苗时注意保持土壤、根系完整，并确保植株间隔。给每株植物罩上防寒布，确保其扎根后再放到避雨、避雪、通风的向阳处种植。

由于蓝菊不耐寒，冬季温度需保持在 5℃以上，或放置在没有北风的地方，盖上防寒布养护。

花期过后剪下花茎。盛夏时节（约 30℃以上的天气）应把斑叶品种搬到明亮的阴凉处养护。

不喜过湿的环境

这两种蓝菊都不喜欢环境过湿和积水，应在盆土表面干燥后再充分浇水。不淋雨能让花朵开放得更久，因此浇水时也应直接浇到植株根部，避免从上方浇下。

蓝菊施草本花卉专用的缓释肥，每月施 3 次花草用的液体肥料，但夏季无须施肥。异叶蓝菊则在移植时，土壤中掺入少量的草本花卉专用缓释肥及苦土石灰。

营造圣诞气氛的小型常绿灌木

欧石南

杜鹃花科　灌木、温室花卉　株高 / 30~200厘米
花色 / ●●○●●

月历

·1·	2	·3·	4	·5·	6	·7·	8	·9·	10	·11·	12

| 开花期 | | | | | | | | | | 开花期 | |

| 原产于南非的品种做防寒措施 | | | 种植、换盆 | | | | | | 原产于南非的品种做防寒措施 | | |

"圣诞游行"欧石南

根据产地不同，耐寒能力也有所不同

　　欧石南是原产于欧洲至非洲的一种常绿灌木，纤细的枝条上长着细小的叶片，有些品种外形类似针叶树，会开出筒状的鲜艳花朵。

　　最常见的欧石南是原产于南非的品种，适合在通风的向阳处种植。冬季温度需保持在 5℃以上，或罩上防寒布置于不会被北风吹到的场所养护。

　　而原产于欧洲的品种十分耐寒，不需要采取防寒措施。

　　4~5 月是最佳的换盆季节。应在植株根系充分发达之前搭支架，固定植株。

古代稀

色彩缤纷、受欢迎的初夏花卉

古代稀

柳叶菜科　一年生草本植物　株高 / 20~90厘米
花色 / ○●●

月历

·1·	2	·3·	4	·5·	6	·7·	8	·9·	10	·11·	12

| | | | 种植 | 开花期 | | | | | 种植 | | |

| | | | | 整形修剪 | | | | | 播种 | | |

播种古代稀

　　古代稀原产于北美洲西部地区，会开放具有晶亮质感的花朵。

　　古代稀适合在 10~11 月播种。由于古代稀不易移植，需直接在花盆或容器中播种。盆土选择排水性、透气性好的土壤，可使用混合少量石灰和约30%赤玉土的草本花卉用土。由于古代稀的种子需要光照才能发芽，因此种子不用覆土。

　　古代稀适合在避免北风和降雪的向阳处种植。霜冻可能会对花苞造成伤害，因此还需罩上防寒布。古代稀不喜多湿的环境，应在土壤表面干透后再浇水。另外，还需控制施肥量，少量施肥。

紫葵

锦葵科　灌木、温室花卉　株高 / 1~2米
花色 / ○ ● ●

月历
· 1 · 2 · 3 · 4 · 5 · 6 · 7 · 8 · 9 · 10 · 11 · 12 ·

开花期

防寒　　　种植、换盆　　　防寒

相继绽放艳丽花朵的花卉

紫葵是一种园艺品种的灌木,与原产于澳大利亚的木槿相似。紫葵叶片深裂,会相继绽放带有光泽的蓝紫色花朵。紫葵的花是只开 1 天的"一日花"。

紫葵适合在避雨、通风的向阳处种植。另外,紫葵惧怕过湿和积水,应待盆土表面见干后再浇水。冬季温度保持在 5℃以上,或放置在没有北风的场所,罩上防寒布养护。

如果枝茎长得过于茂盛,可以在春、夏季整形修剪至整体 1/2 的程度。在 5~7 月换盆,盆土使用排水性、透气性好的土壤,可以在土壤中混合约 30% 的赤玉土。

紫葵

木茼蒿

木茼蒿

菊科　灌木、温室花卉　株高 / 30~100厘米
别名 / 木春菊　花色 / ○ ●

月历
· 1 · 2 · 3 · 4 · 5 · 6 · 7 · 8 · 9 · 10 · 11 · 12 ·

开花期　　　　　　　　　　　开花期

种植、换盆、扦插　　　种植、换盆、扦插

冬季需要防寒布,做好防寒养护

木茼蒿是一种常绿灌木,原产于大西洋上的加那利群岛。木茼蒿茎部多分叉,整株呈半圆形。

木茼蒿宜在春季或秋季种植,种植时需要适当舒展盆土中的根系,并在盆土中混合石灰以中和土质。木茼蒿适合在避雨雪、通风的向阳处种植。冬季温度保持在 5℃以上,或放在吹不到北风的场所,罩上防寒布养护管理。木茼蒿惧怕过湿和积水,应在盆土表面干燥后再浇水。

木茼蒿可以整形修剪,但如果剪到木质化的位置,可能会导致植株无法再生并枯萎,需要特别注意。

种类丰富，也有适合盆栽的小型品种

香石竹

石竹科　宿根草本植物
株高 / 20~100厘米
花期 / 4~9月
别称 / 康乃馨
花色 / ● ● ○ ● ● ●

香石竹是母亲节必不可少的花卉。适合盆栽的品种株高较低，株型呈放射线状生长。适合在通风的向阳处种植。

叶形独特的多肉植物

秋丽

景天科　多肉植物
株高 / 5~10厘米
花期 / 4~5月
花色 / ○ ●

秋丽适合种在向阳处，但夏季需移到避雨且尽量凉爽的阴凉处养护。冬季温度需保持在 5℃ 以上。

拥有奇特外形、原产于澳大利亚的花卉

袋鼠爪属

血皮草科　多年生草本植物、温室花卉
株高 / 20~150厘米
花期 / 4~7月
花色 / ● ● ● ●

袋鼠爪属植物原产于澳大利亚，其名袋鼠爪源自像袋鼠前爪的形状。会开出大量的花形奇特、长着浓密茸毛的花朵。

原产于南非的小型球根花卉

狒狒草

鸢尾科　秋植球根植物
株高 / 5~30厘米
花期 / 2~4月
花色 / ● ● ○ ● ● ● ●

狒狒草适合在向阳处种植。夏季叶片枯萎，植株进入休眠期，应停止浇水，使整个花盆保持干燥的状态。冬季在室内养护，保持 5℃ 以上的温度。

原产于澳大利亚的小型灌木

松红梅

桃金娘科　树木、温室花卉
株高 / 50~300厘米
花期 / 3~5月
花色 / ● ● ●

纤细的树枝上会开出类似梅花的花朵。发芽力强，也可修剪做园艺造型。冬季温度需保持在 3℃ 以上。

有蓝色系花朵、原产于非洲的球根植物

立金花

天门冬科（风信子科、百合科）
秋植球根植物
株高 / 5~20厘米
花期 / 10月~第二年5月
别名 / 爆竹百合
花色 / ● ● ○ ● ● ● ●

立金花适合在向阳处种植，冬季温度保持在 5℃ 以上。夏季叶片枯萎，进入休眠期，应停止浇水，使整个花盆保持干燥的状态。

冬季绽放的小型球根花卉

垂筒花

石蒜科　春、秋季种植的球根植物
株高 / 约30厘米
花期 / 12月~第二年4月
别称 / 曲管花
花色 / ● ● ○ ● ●

纤长的茎部顶端会开出色彩明亮的花朵。夏季到来之前进入休眠期，因此盛夏时节需移至阴凉处；冬季则放在室内养护，温度保持在 5℃ 以上。

美丽的蓝色花朵受到人们喜爱

初恋草

草海桐科　灌木、温室花卉
株高 / 20~30厘米
花期 / 10月~第二年4月
花色 / ● ● ○ ● ● ● ●

初恋草惧怕过湿，应使用仙人掌用土种植。初恋草适合在避雨、通风的向阳处种植。冬季需保持 5℃ 以上的温度。

种植魅力独特的多肉植物

多肉植物品种丰富，个性的形态和颜色独具魅力。大部分品种的叶和茎都有储水作用，很耐旱，没有条件经常给植物浇水的人也适合种植。

使用排水性、透气性好的土壤种植，放置在向阳处养护是基本方法

欣赏在严酷环境中进化出的个性

　　大部分多肉植物生长在沙漠、岩石石缝等严酷的自然环境中，其叶片、枝茎拥有储水功能。在有雨季和旱季之分的野生环境中，多肉植物进化出储水器官，在雨季尽可能多吸收水分，旱季则用储存的水分来克服干旱。

　　有些品种的叶片上有蜡状物，可以减少水分蒸发；也有些带茸毛的品种，能够收集雾气中的水分，植物用不同手段，适应着生长环境。可以说多肉植物各异的形态，是为适应自然环境而诞生的。

　　但耐旱的多肉植物也是需要浇水的。与多数植物相比浇水频率可以较低，但也不宜过少。另外，还需根据季节、生长期、休眠期，调整浇水频率。浇水不当也会导致植株枯萎。

　　多肉植物需选择排水性、透气性极好的土壤。基本配比为赤玉土7：腐殖土2：蛭石1。另外市面上也有专为多肉植物调配的用土可以选择。

　　多肉植物生长的野生环境土壤贫瘠，因此生长缓慢，无须过多肥料。多肉植物只需在栽种、换盆时作为基肥，施少量缓释肥即可。

莲花掌属（黑法师）

黑法师为拥有美丽莲座叶盘的多肉植物。种类不同，叶片形态和颜色也会有所不同。秋季至冬季是黑法师的生长期，在光线好的地方长势较好。夏季需要注意通风。

可以选择石莲花属、风车草属、景天属、伽蓝菜属、青锁龙属等不同种类的多肉制作组合盆栽

在镀锡铁篮子下方打孔，制作了多种多肉植物的组合盆栽。组合盆栽可以搭配不同外形、颜色的植物。为了便于养护管理，最好选择生长周期相近的品种

石莲花属（花车锦）

花车锦的肉质叶片会根据不同季节呈现不同颜色，非常有魅力。春秋两季为生长期，在盛夏和严冬进入休眠期，需减少浇水量。夏季建议遮光。

青锁龙属（火祭）

火祭形态各异，有些外形甚至脱离了人们对植物的印象。夏季进入休眠期的冬型种多肉，惧怕夏季高温高湿的气候。

伽蓝菜属（月兔耳）

月兔耳是一种生长旺盛、易于打理的多肉品种。春季至秋季是生长期。建议冬季休眠期断水，并且养护在室内通风的向阳处。

銀波锦属（熊童子）

叶圆润而肥厚，充满个性。有冬季
变色的品种、带有茸毛的品种、带
有光泽的品种等。春季至秋季为生
长期。

吊灯花属（爱之蔓）

茎部细长，叶形独特。有心形叶片
的"爱之蔓"，以及肉质叶片的"狭
叶吊金钱"等品种。

景天属（虹之玉锦）

非常好养的多肉植物，既耐寒又耐
暑。颜色会变红的虹之玉锦等品种
很受欢迎。

千里光属（翡翠珠）

有圆形叶片连接在一起、呈下垂状
的翡翠株，以及叶片像箭头样的箭
叶菊等不同品种。生长期为春夏两
季的品种较多。

长生草属（蛛丝卷绢）

非常耐寒，即使在寒冷地区也可以
放在室外养护。春季与秋季为生长
期。梅雨季节要特别注意，不能长
时间淋雨。可通过匍匐茎上的子株
繁殖。

马齿苋树属（雅乐之舞）

雅乐之舞有光泽的叶片小巧饱满，
是一种玲珑可爱的多肉植物。生长
期为夏季，春秋两季适合在阳光明
媚的户外养护。由于不耐寒，需注
意晚秋的霜冻。

主题4　可以制作"绿色窗帘"的花卉

种在窗边的"绿色窗帘"，作为夏季的节能措施也备受关注。

这一部分我们就来介绍可以在网格、棚架、栅栏上攀缘的藤蔓植物。

牵牛

旋花科　一年生草本植物、宿根草本植物　蔓长 / 2~10米
花色 / ○ ● ● ● ●

月历
· 1 · 2 · 3 · 4 · 5 · 6 · 7 · 8 · 9 · 10 · 11 · 12 ·

播种　种植　开花期

白色花纹的曜白牵牛

攀缘在棚架上的变色牵牛

螺旋状攀缘的曜白牵牛

日本江户时代诞生了众多品种

　　牵牛又名朝颜，种植的历史悠久，是夏季的代表植物。牵牛原产于东亚。如今种植牵牛是为了观赏目的，而古代传入日本是因为它有利尿缓泻的药用价值。

　　日本江户时代诞生了许多园艺品种的牵牛，为人们所喜爱。大轮朝颜是直径超过 20 厘米的大型牵牛，有多种花色和纹样。变化朝颜独特的叶形和花朵超越了人们对传统牵牛的认识。如今市面上可以买到桔梗系列、小型品种等部分种类的变化朝颜。

花朵可以开到中午的品种

　　三色牵牛原产于南美洲，也是普遍种植的品种。叶圆、花量大、茎蔓生长强健，最大的特点是能开到中午，可以观赏更长时间。三色牵牛比普通牵牛更耐低温，寒冷的地区可以选择种植三色牵牛。

　　市面上还有称为"宿根牵牛"的变色牵牛。它是原产于亚洲、非洲热带的品种，茎蔓生长旺盛，适合制作"绿色窗帘"。外形与普通牵牛相似，但植株整体较大，秋季会比夏季开放更多花朵。

　　此外，还有五爪金龙，是原产于北非、阿拉伯半岛的品种。叶片似枫叶，花为浅紫色。

利用棚架，让植物攀缘

　　牵牛适合养在向阳处，但需避免夜晚有光亮的地方。在墙边用工具固定好棚架，做好让植物攀缘的准备。制作"绿色窗帘"可以选择三色牵牛、变色牵牛等品种。

　　牵牛可以在 5 月中旬以后播种。用锉刀在种子背面（凸起的一侧）锉一下，在水中浸泡一夜后播种。播种深度约为 2 厘米，发芽端（种子角上颜色较浅、凹下的那端）以 45 度角朝上播种。待长出两片子叶后，每盆 1 株移栽至育苗盆。施 1 粒菜籽饼后每 5 天施 1 次草本花卉专用的液体肥料。

　　待长出 7~8 片真叶后定植。盆土使用草本花卉

牵牛

三色牵牛

变化朝颜——石叠咲

花形奇特的变化朝颜

用土，并掺入 30% 的赤玉土，确保排水性良好。长出茎蔓后进行诱引攀缘。

在盆土表面开始干燥时浇水。盛夏需要每天浇水，如果水分蒸发得较快则需要早晚浇 2 次水。施肥则是每月施 1 粒菜籽饼，每 5 天施 1 次液体肥料。

牵牛有白薯天蛾、温室白粉虱、跗线螨、叶螨、牵牛白锈病等病虫害。白薯天蛾幼虫尾巴上有犄角，发现后要及时驱除。牵牛白锈病的症状为叶片出现黄绿色斑点，会散出白色粉状物，患病初期时就要摘除患病的叶片。

可越冬的变色牵牛

三色牵牛和变色牵牛的种植方法与牵牛相同。这两个品种生长速度快，很快就会枝繁叶茂，因此一盆种 1~2 株即可。

三色牵牛是一年生草本植物，而变色牵牛为多年生植物，冬季在 5℃ 以上的环境中养护，或置于没有寒风的场所，罩上防寒布就可以越冬。如果地表部分遭受霜冻，需要将其剪除。

> ✓ **日照短即开花**
> **牵牛是短日照植物的代表**
>
> 牵牛是短日照植物，每天需有 8 小时以上的时间处于黑暗环境，才能够形成花芽（所需时间根据温度等条件变化）。短日照植物靠感知日照周期判断季节。秋季开花的植物有许多都是短日照植物，如菊花、波斯菊、一串红、伽蓝菜、蟹爪兰、花烟草等。

波斯菊

拥有丰富分类体系的美丽藤蔓植物

铁线莲

毛莨科　宿根草本植物、蔓性灌木　蔓长 / 1~5米
花色 / ● ○ ● ● ●

月历
· 1 · 2 · 3 · 4 · 5 · 6 · 7 · 8 · 9 · 10 · 11 · 12 ·

| 开花期 |
| 种植、换盆 |

绕在攀缘网上的各类铁线莲

蒙大拿组铁线莲的园艺品种

不同组别有着不同的生长习性

　　铁线莲在世界各地广泛种植，有着丰富的种类。园艺品种繁多，每个组别都有着各自的特性。多数品种茎部呈蔓状，由叶柄缠绕攀缘。

大花组的品种

　　最常见的是大花组铁线莲，其祖先是原产于东亚的品种，因此很适应亚洲气候，容易种植。冬季虽然叶片会枯黄，但茎部还活着，不宜随意修剪。

　　花径为 10~15 厘米，分单瓣或重瓣品种，也分为一季开花或四季开花的品种。四季开花型的品种，在花谢后轻剪枝条，会重新开放花朵。

其他品种

　　尾叶铁线莲组的花朵呈壶状，会接续开放极具个性而玲珑可爱的小花。尾叶铁线莲组由原产于北美洲的品种培育而来，有较强宿根草的特性，不会长出很长的藤蔓。

　　蒙大拿组会开出许多拥有 4 片花瓣的小型花朵。蒙大拿组的祖先是原产于东亚山地的品种，

抗寒冷，适合在寒冷地区种植。长瓣组、高山铁线莲组的花形与蒙大拿组相似，也适合在寒冷地区种植。

　　常绿大洋组原产于澳大利业、新西兰，在早春绽放偏绿色的白色系花朵。茎蔓不会很长，拥有常绿硬质的叶片。

冬季开花的铁线莲

　　有些铁线莲品种在冬季开花，如下垂的钟状花朵的卷须组、安顺铁线莲"冬日美人"。卷须组原产于地中海沿岸地区，夏末发芽，秋冬开花，次年夏季落叶进入休眠期。安顺铁线莲"冬日美人"则为常绿的品种，原产于亚洲的温暖地区。

开花后进行移栽

　　无论哪组铁线莲，都适合养在通风的向阳处。蒙大拿组、高山铁线莲组、长瓣组夏季需移至凉爽的阴凉处。常绿大洋组注意避免淋雨，冬季放置于没有北风的地方，罩上防寒布养护。卷须组、安顺铁线莲"冬日美人"需保持 5℃ 以上的温度，或放

缠绕在支架上的盆栽铁线莲

大花系品种

德克萨斯型的园艺品种

置于没有北风的地方，罩上防寒布养护。

在盆土表面干燥后充分浇水。施肥时使用草本花卉用的缓释肥，另外每月施2次草本花卉用的液体肥料。夏季则暂停施肥。

移植的原则是在开花后进行。许多品种的铁线莲不喜移植，因此移植时需十分小心，避免破坏根系。盆土选用草本花卉用土，混合约30%的赤玉土，以提高排水性和透气性。蒙大拿组、高山铁线莲组、长瓣组、卷须组则使用混合约30%赤玉土的山野草用土。

在开花期后修剪

修剪应在开花期之后进行。

大花组铁线莲中有些为老枝开花品种，有些则为新老枝都开花的品种。老枝开花品种在花下方一节处修剪。蒙大拿组同理。

新老枝都开花的品种则在开花后修剪今年新枝的1/2。长瓣组、高山组同理。

尾叶铁线莲组只需摘除枯花和枯萎的部分。

常绿大洋组、卷须组剪掉上面长出的新枝，留下1/2的长度即可。剪下的枝条可用于扦插、繁殖新植株。

> ✓ 冬季修剪方式大有不同
> ## 老枝开花型与新枝开花型
>
> 根据花芽形成的位置，铁线莲可分为老枝开花及新枝开花的品种。根据不同类型，冬季修剪方式也有所差异，需在购买时确认。
>
> 老枝开花型：此类品种的花苞形成于前一年新枝上与叶片的交界处，若冬季短截枝条则无法开花。需悉心养护前一年长出的新枝，牵引枝条。大花组及蒙大拿组中有许多品种都属于此类，此外还有新老枝双开的品种。
>
> 新枝开花型：这一类的前一年新枝会在冬季枯萎，到了春季在植株底部长出的新枝上形成花苞。而在冬季来临时需从植株底部剪掉枯萎的枝条。

耐热的夏季开花植物
飘香藤

夹竹桃科　木本、温室花卉　蔓长/2~3米
别名/双腺藤、文藤　花色/ ○ ● ●

月历
· 1 · 2 · 3 · 4 · 5 · 6 · 7 · 8 · 9 · 10 · 11 · 12 ·

开花期

防寒　　　　种植、换盆　　　　修剪　　防寒

攀缘在矮石墙上的愉悦飘香藤

攀缘在扶手上的飘香藤

耐热的蔓性植物

　　飘香藤原产于美洲热带地区。长卵圆形、革质的叶片对生，长在伸展的茎蔓上。飘香藤会开放漏斗形的鲜艳花朵。飘香藤十分耐热，会在夏季至秋季接续开花。

　　普遍种植的品种有较为耐寒的巴西素馨、白色纯净的鸡蛋花藤（白色飘香藤）等。另外还有一些由这些品种培育出来的园艺品种。花色有白、粉、红，另外还有能够让人联想起玫瑰的重瓣园艺品种。

　　花色为黄色的则是同属夹竹桃科的金香藤，为原产于加勒比海沿岸的近缘植物。

　　不同种类的飘香藤，茎蔓的生长速度也有所不同。如果想要制作植物的"绿色窗帘"，可选愉悦飘香藤等生长旺盛、枝叶茂密的品种。

气温变暖后种植花苗

　　种植花苗适合在5~6月，待天气转暖后进行。弄散育苗盆中根系的1/3左右后种植。松散根系时要十分小心，避免破坏根系。

　　盆土选用草本花卉用土，混合约50%的赤玉土，可增加排水性和透气性。

　　种植花苗后，在通风良好的向阳处种植。飘香藤惧怕过湿的环境，应在盆土表面干燥后再浇水。施肥使用草本花卉用的缓释肥，另外每月施3~4次草本花卉用的液体肥料。

　　新的茎蔓开始生长时就要摘心促进抽枝。不能任凭枝条随意生长，需要牵引整理茎蔓，不让其互相缠绕。飘香藤除了用于制作"绿色窗帘"，也可以牵引到塔形花架或棚架上。

　　花朵会朝着有光线的方向开放。另外，要经常清理残花。

冬季在保持10℃以上的室内养护

　　飘香藤惧怕寒冷，冬季在保持10℃以上的室内越冬。冬季养护需保持较为干燥的状态，不让植株发生腐烂现象是首要任务。

　　把飘香藤搬入室内时，应进行修剪。由于花朵

愉悦飘香藤

花瓣会由粉变白的品种

鸡蛋花藤

"阳伞"系列飘香藤

粉色的飘香藤

会在新枝上开放，可以留茎蔓根部的 30~40 厘米进行修剪。

通过每年的换盆促使飘香藤长成大株

在 5~6 月气温变暖后换盆种植。花苗长到一定程度、根部健壮、长出根块后，即使稍微缺水，也不会受到影响。

夏季可扦插繁殖，但成功发芽的概率较低。可以剪 10 厘米茎蔓后清理伤口液体，蘸一些生根剂，插入蛭石等清洁的基质中。养护插穗时需避免干燥。

飘香藤会从伤口流出有毒的白色液体，需避免接触皮肤。如果接触了应及时用清水清洗。

若扦插后植株成活，应植入花盆，尽量在冬季来临前使其生长到一定大小。

飘香藤的病虫害较少，但新芽有时会受到蚜虫的侵害，应尽早发现并驱除。

立枯病会使花苗或较小的植株突然枯萎，发现时有可能为时已晚，应提高警惕。立枯病的原因是浇水过多，因此要遵守浇水原则，或使用排水性好的土壤。

☑ **有黄色花朵的飘香藤吗？**

开放黄色花朵的金香藤，其外形与飘香藤十分相似。金香藤同飘香藤一样，是原产于美洲热带地区的蔓性植物，花有芳香气味，相似的还有黄蝉，也会开黄色的花朵。黄蝉有硬枝黄蝉、软枝黄蝉等品种。

金香藤

花形奇特的热带藤蔓植物

西番莲属

西番莲属　蔓性木本植物、温室植物　蔓长 / 3~5米
花色 / ○ ● ● ●

月历

· 1 · 2 · 3 · 4 · 5 · 6 · 7 · 8 · 9 · 10 · 11 · 12 ·

开花期

防寒　　　　种植、换盆　　　　　　防寒

西番莲的果实

紫花西番莲

时钟草

奇特花卉

西番莲属植物原产于南美洲，是一种蔓性灌木，有纤长的茎蔓，以卷须攀缘。

初夏至秋季，西番莲属植物会绽放外形奇特的花朵。每朵花只会开放1天，但每天都会开出新的花朵，如果能够顺利生长，夏季会不断开花。

这类植物中最具代表性的品种就是时钟草。时钟草虽然是热带植物，但相对耐寒，日本关东南部以西的地区可以种在户外越冬。

除了时钟草，西番莲属还有其他丰富的园艺品种。花色也有白、粉、红、紫、蓝紫、黄等不同颜色。食用果实的西番莲也是同属植物。

冬季需要养护管理

5~6月是种幼苗、换盆的最佳时节。可以弄散约1/3的根系再种植，但需要耐心操作，避免破坏根系。土壤选择普通的草本花卉用土，混合约30%的赤玉土以提高排水性。

西番莲属植物适合在通风的向阳处养护。如果出现叶片晒伤的情况，夏季可放在只有早上有阳光的半阴处。时钟草可以放在不会吹到北风的场所，罩上防寒布越冬。西番莲属中除时钟草以外的品种都惧怕寒冷，冬季养护环境的温度需保持在5℃以上。

在4~10月进行修剪。剪掉细枝，留下主干和粗壮的枝条。

第二年开始抽生茎蔓时，可摘心促进枝条的生长。通过牵引和整理枝条，避免它们相互缠绕打结。另外还需剪掉过于茂盛的枝叶，剪下的部分可作为扦插材料。

在盆土表面干燥后再浇水。冬季养护时让植株处于相对干燥的状态。施肥时使用草本植物用的缓释肥。

西番莲属植物没有什么病虫害，但可能会有蚜虫侵害新芽，需尽早发现并驱除。

花朵玲珑可爱的小型蔓性植物

金鱼藤

车前科（玄参科） 一年生草本植物、宿根草本植物 蔓长 / 2~5米
花色 / ○ ● ●

月历
· 1 · 2 · 3 · 4 · 5 · 6 · 7 · 8 · 9 · 10 · 11 · 12 ·

播种

开花期

摘心促进分枝

金鱼藤有几个不同品种，在日本最常见的是原产于中美洲地区的双生金鱼藤。这种金鱼藤在地下部分是块根，会长出细长的茎蔓。

金鱼藤通常从种子开始播种。气温达到一定温度（20℃以上）才会发芽，适合在5月之后播种。盆土选择排水性好的土壤。

金鱼藤适合养在通风的向阳处，或明亮的阴凉处也可以生长。金鱼藤惧怕过湿，应在盆土表面干燥后再浇水。藤蔓长到一定长度时需进行牵引。时常给金鱼藤摘心，可以促进分枝。如果在温暖的地区种植，只需盖上防寒布即可越冬。

金鱼藤

黄花品种的嘉兰

外表时尚的蔓性球根花卉

嘉兰

秋水仙科（百合科） 春植球根植物、温室植物 蔓长 / 1~2米
花色 / ● ● ●

月历
· 1 · 2 · 3 · 4 · 5 · 6 · 7 · 8 · 9 · 10 · 11 · 12 ·

防寒　　　种植、换盆　开花期　　　　防寒

注意冬季的养护温度

嘉兰原产于非洲至热带亚洲地区，可以说是百合的蔓性品种。

种植适合在5~6月进行，使用掺入30%赤玉土、排水性好的土壤栽种。嘉兰球根形状奇特，种植时圆端为上。

嘉兰适合养在向阳处，在明亮的阴凉处也可以生长。嘉兰惧怕过湿的环境，应在盆土表面干燥后再浇水。茎蔓开始伸展时通过牵引调整植株造型。

秋季叶片开始枯黄时停止浇水，晾干整个花盆。冬季最低温度保持在5℃左右。若冬季温度达到15℃以上会不再发芽，需小心管理冬季温度。

99

花朵硕大、色彩鲜艳的豆科植物

香豌豆

豆科　一年生草本植物、宿根草本植物　蔓长 / 1~3米
别名 / 麝香豌豆　花色 / ○ ● ● ●

月历

·1·	2	·3·	4	·5·	6	·7·	8	·9·	10	·11·	12

开花期

播种

防寒　　　　　　　　　　　　　　防寒

香豌豆

冬季需要防寒

香豌豆原产于地中海沿岸地区，与豌豆一样是豆科植物。香豌豆会开出许多芳香宜人、轻盈飘逸的花朵。

可以在 9~10 月直接把种子种在花盆中。盆土用混合 30% 赤玉土的草本花卉用土，再加入石灰中和土质。

香豌豆适合在避雨、避雪的向阳处种植。香豌豆不怎么耐寒，冬季需要罩上防寒布。在盆土表面干燥后再充分浇水。

花苗长到 20 厘米时可以摘心促进分枝。在花朵凋谢后剪掉残花，并把花瓣清理干净。

倒地铃的果实

开花后会结出像气球一样的果实，趣味横生

倒地铃

无患子科　一年生草本植物　蔓长 / 1~3米
别名 / 风船葛　花色 / ○

月历

·1·	2	·3·	4	·5·	6	·7·	8	·9·	10	·11·	12

播种　　　　开花、结果

在 5 月中旬以后播种

倒地铃原产于美洲热带地区，会伸展长有卷须的茎蔓。倒地铃会在开出白色的小花之后，结出 3~4 厘米大的气球一般的果实。果实成熟变为褐色时，里面会结几粒圆形种子。种子为黑色，上面会有 1 个白色心形斑点。

倒地铃适合在 5 月中旬以后播种。盆土可选择草本花卉用土，并混合 30% 左右的赤玉土，以提高土壤的排水性和透气性。

倒地铃适合种植在向阳处，在盆土表面开始干燥时再浇水，盛夏季节则需要每天浇 1 次水。可以把生长的茎蔓诱引到攀缘网等棚架上。

与牵牛属于同类、在夜间绽放的花朵
月光花

旋花科　一年生草本植物　蔓长 / 3~5米
花色 / ○

月历

| · 1 · 2 · 3 · 4 · 5 · 6 · 7 · 8 · 9 · 10 · 11 · 12 · |
| 播种　　　　开花期 |

月光花

夜间也不要把植株放在明亮处

月光花原产于美洲热带地区。茎蔓细长，叶片形似甘薯叶，呈卵形。白色的花朵会在夜间绽放，散发甜美芳香。另外，月光花与葫芦科的瓠子花（夕颜花）为完全不同的植物。

月光花在 5 月中旬以后播种。选择草本花卉用土作为盆土，另外为了加强排水性，混合 30% 左右的赤玉土。

月光花适合在向阳处种植，但由于是短日照植物，如果夜间也放在明亮处会无法开花。待盆土表面开始干燥时再浇水，盛夏季节则每天浇 1 次水。在植物长出茎蔓后进行牵引。

槭叶茑萝

羽状深裂的叶片让人感觉清爽
茑萝松

旋花科　一年生草本植物　蔓长 / 2~5米
花色 / ○ ● ●

月历

| · 1 · 2 · 3 · 4 · 5 · 6 · 7 · 8 · 9 · 10 · 11 · 12 · |
| 播种　　　　开花期 |

需要搭建结实的支架

茑萝松原产于热带美洲。茎蔓纤细，上面长有羽状叶片。玲珑可爱的花朵为喇叭状，开放后花朵正面呈五角星。另外还有一种叶片呈圆形的圆叶茑萝，而槭叶茑萝是两者的杂交品种。

在 5 月中旬以后播种。土壤使用混合 30% 赤玉土、排水性较好的土壤，播种深度在 1 厘米左右。

茑萝松适合在向阳处种植。盆土表面见干后再浇水，而盛夏需要每天浇 1 次水。茑萝松会长出很长的茎蔓，需准备大一些的攀缘网或棚架。

专栏5

在阳台种植苦瓜

苦瓜富含维生素、矿物质，是维生素C的宝库。苦瓜又名凉瓜，具有独特的苦味。苦瓜生长旺盛，不断生长茎蔓，非常适合制作"绿色窗帘"。

7月中旬~9月，可以享受采收的乐趣

从播种到丰收

　　苦瓜是夏季蔬菜，种在阳台还可以起到遮阳的作用。苦瓜生长旺盛，茎蔓不断生长，可以让苦瓜缠绕在攀缘网或棚架上。种植时需要经常整枝修剪，注意采光和通风。

　　直接购买幼苗比较容易上手，但也可以从种子开始种植。可以在4月下旬~5月中旬在育苗盆中播种，养护在温暖的向阳处。苦瓜发芽温度为25~28℃，发芽天数需4~5天。播种后3周左右会长出5~6片真叶。在发芽的幼苗中选择1株健壮的定植在大一些的花盆中。苦瓜是雌雄异花的植物。起初开放雄花，雌花也会随之开放。从这时开始可以时常施一些追肥。待果实长至20厘米左右即可采收。

苦瓜是雌雄异花的植物，会在雌花上结果，无须人工授粉

在窗边搭网种植，制作"绿色窗帘"，遮挡夏日刺眼的阳光

主题5　在阳台上也容易种植的玫瑰

玫瑰气质高贵，品种丰富，

盛开玫瑰的阳台华丽而富有魅力，令人向往。

让我们选择适合盆栽的品种种植吧。

德米奥克斯
Rose de Meaux

古典玫瑰（百叶玫瑰）
莲座状　花径 / 3~4厘米
蔓长 / 1~1.5米　一季开花品种　香气 / 强

花形小巧的古典玫瑰

德米奥克斯会开出众多小花。枝条纤细，呈弓形生长，可以使用支架诱引。德米奥克斯香气宜人，1789 年诞生于法国。

蓝宝石
Blue Bajou

多花品种
半剑瓣高蕊　花径 / 8厘米
株高 / 0.7~1米　四季开花品种　香气 / 弱

多花的种类中少见的蓝色品种

蓝宝石成簇开花，每簇会有 5~7 朵紫藤色花朵开放。枝条横向延展，株型不会长得太大，适合盆栽。蓝宝石刺少，叶片美观，是　种适合在阳台种植的品种，1993 年诞生于德国。

安吉拉
Angela

蔓性品种
杯状半重瓣　花径 / 4厘米
蔓长 / 3米　四季开花品种　香气 / 弱

花量大、花形中等的耐养蔓性品种

安吉拉枝条较细，很好诱引，适合使用小型拱门花架等花架，制作各类造型，也可以修剪成灌木状种植。安吉拉是 1984 年诞生于德国的品种。

马美逊的纪念

Souv. de la Malmaison

古典玫瑰（波旁玫瑰）
莲座状　花径 / 8厘米
株高 / 1米　四季开花品种　香气 / 强

香气馥郁的古典玫瑰

随着花朵逐渐开放，花形会从杯状向莲座状变化。该品种惧怕雨水，应在不淋雨的场所种植。马美逊的纪念是 19 世纪诞生于法国的四季开花品种，在春季之外的季节也会开花。

达芬奇

Léonard de Vinci

蔓性品种
莲座状　花径 / 8厘米
蔓长 / 1.5米　四季开花品种　香气 / 弱

因似古典玫瑰的花形而受到人们喜爱

规整的莲座状花形，特点是花瓣质感结实，耐病害，不易凋谢。枝条不会长得很长，适合使用小型花架或环形花架种植，是 1994 年在法国培育出来的品种。

月季夫人

Lady Rose

杂交茶香月季
剑瓣高蕊　花径 / 12厘米
株高 / 1~1.5米　四季开花品种　香气 / 中等

适合盆栽的杂交茶香月季

具有淡雅、香甜的茶香月季的香气。枝条直立、花朵不易凋谢，因此也适合做切花。月季夫人是株型较小的杂交茶香月季，适合盆栽，是 1979 年诞生于德国的品种。

赫尔穆特·施密特

Helmut Schmidt

杂交茶香月季
半剑瓣高蕊　花径 / 10厘米
株高 / 0.8~1米　四季开花品种　香气 / 弱

黄色玫瑰中易种植的品种

淡雅的黄色花朵受到人们的喜爱。长势强、花量大，是一种容易种植的品种。株型小巧，向外伸展，适合盆栽。赫尔穆特·施密特是 1979 年诞生于德国的品种。

朱丽叶

Julia's Rose

杂交茶香月季
圆瓣杯状　花径 / 10厘米
株高 / 1~1.2米　四季开花品种　香气 / 弱

典雅的花朵，作为切花也大受好评

花形优雅，花瓣犹如波浪。有时几朵花会在一起，成簇开放。枝条直立，株型小巧。由于朱丽叶不太容易打理，因此适合有经验的人种植。朱丽叶是 1976 年诞生于英国的品种。

冰山

Iceberg

多花品种
半重瓣　花径 / 8厘米
株高 / 1~1.2米　四季开花品种　香气 / 弱

别名 "Schneewittchen"，意为 "白雪公主"

白色玫瑰的代表，花朵犹如白雪，受到人们的喜爱。多花、花形大小中等，会一直开放到初冬季节。植株健壮，同样也适合制作直立植株的造型，是 1958 年诞生于德国的品种。

雪之女王

Schneekönigin

灌木玫瑰
半重瓣　花径 / 5厘米
株高 / 0.7~1米　四季开花品种　香气 / 弱

半蔓性的灌木玫瑰

　　中等大小的花朵会成簇开放，1簇通常为5~8朵。枝条会生长到1米左右，也可以作为小型的蔓性玫瑰种植。雪之女王耐病虫害，可以无农药种植，是1992年诞生于德国的品种。

萨拉班德

Sarabande

多花品种
半重瓣　花径 / 7~8厘米
株高 / 1米　四季开花品种　香气 / 弱

如同火焰一般的红色多瓣玫瑰

　　萨拉班德1957年诞生于法国，是一种结实、花量大、易于种植的品种。另外也有蔓性的品种，可以诱引到花架上种植。

夏洛特

Chalotte

英国玫瑰
杯状　花径 / 8厘米
株高 / 1米　四季开花品种　香气 / 中等

花形优雅的英国玫瑰

　　具有古典玫瑰的花形和花香，同时兼具现代玫瑰四季开花的特质。株型小巧，适合盆栽，是1993年诞生于英国的品种。

安娜玛丽·蒙哈维尔

Anne-Marie de Montravel

野蔷薇 / 多花蔷薇
杯状　花径 / 2厘米
株高 / 0.6米　四季开花品种　香气 / 中等

小巧、适合盆栽的多花蔷薇品种

推荐使用小型的拱形花架种植。纤细的枝条向外伸展，开出众多纯白的小花。该品种易于打理、花量大，具有辛辣芳香，于1879年诞生于法国。

咲耶姫

Sakuya-Hime

微型玫瑰
半重瓣　花径 / 3厘米
株高 / 0.3米　四季开花品种　香气 / 弱

花量较大、可以使用小花盆种植的微型玫瑰

咲耶姫会成簇开放，花量大，5~10朵成1簇。该品种在阳台上就可以种植，也适合制作直立的造型。耐病害，没有刺也是该品种的特征。咲耶姫诞生于日本。

泰迪熊

Teddy Bear

微型玫瑰（庭院型）
半剑瓣　花径 / 4厘米
株高 / 0.5米　四季开花品种　香气 / 弱

颜色独特而受到喜爱

泰迪熊为略向外伸展的株型，会开出众多的花朵。另外也有茎部会长到1.5米左右的蔓性品种，可以使用小型花架或环形花架种植欣赏。泰迪熊是1989年诞生于美国的品种。

橙色母亲节

Orenge Mather's Day

野蔷薇 / 多花蔷薇
圆瓣杯状　花径 / 3厘米
株高 / 0.6米　四季开花品种　香气 / 中等

该品种是深粉色"母亲节"的变种

　　橙色母亲节为深杯状花形，香气浓郁。花色会从浅橙色逐渐向朱红色变化。是耐病害、健壮的品种。

芭蕾舞女

Ballerina

杂交麝香玫瑰
单瓣　花径 / 3厘米
蔓长 / 1.5米　四季开花品种　香气 / 弱

别名"modern shrub"的小型蔓性玫瑰

　　花形虽小，但蔓长可以达到 1.5 米左右。可以使用花架，或是缠绕在阳台的扶手上、窗边上种植。如果剪短枝蔓，也可以作为微型玫瑰种植。芭蕾舞女于 1937 年诞生于英国。

玛丽卡

Marica

野蔷薇 / 多花蔷薇
半重瓣　花径 / 3~4厘米
株高 / 0.5米　四季开花品种　香气 / 弱

在微型玫瑰中为株型较大的多花蔷薇

　　20 朵以上的粉色花朵会成簇开放。枝条直立，花期较晚，但花量大，会在春季至秋季不断开放。该品种也适合在组合盆栽中种植。

专栏 6

玫瑰种植的
基础知识

您会不会觉得玫瑰只能在庭院里种植？其实玫瑰中大多数品种都可以盆栽，并且很好地开花。让我们在充满阳光的阳台上，享受种植玫瑰的乐趣吧。

很多品种的玫瑰，都能在阳台上种植

盆栽玫瑰的魅力和要点

盆栽玫瑰推荐选择矮株的品种。种植时可以通过修剪等方式，保持小巧的株型，让植株尽可能多开花。盆栽玫瑰不仅节省空间，而且可以同时种植多个品种。

玫瑰分为 11 月~第二年 1 月出售的大苗，以及初夏时节出售的新苗。大苗是在嫁接后生长了 2 年以上的花苗。定植后只要合理养护，初夏就能开出鲜艳的玫瑰。而新苗分为前一年的芽接苗和1~2月的枝接苗。能看着纤细的新苗逐渐苗壮成长，也别有一番乐趣。

种植用的花盆尺寸，不宜太大或太小，应该根据花苗的大小选择。如果种植大苗，可选择8~10号的花盆，也可以选择比植株原本带的土壤和根系大出一两圈的花盆。另外盆土应选择具有良好的排水性、透气性、保水性的土壤。市面上也有玫瑰专用的土壤可供选择。

施肥也是种植玫瑰中必不可少的。在种植时和冬季期间施缓释肥。从开始抽新芽到花苞开始开放前需要施速效性的肥料。开花期过后需要施"月子肥（礼肥）"，以补充开花时消耗的能量。施"月子肥"的方式和开花前的追肥方式相同。

迷你玫瑰的组合盆栽

准备工作

准备迷你玫瑰、龙面花、千叶兰幼苗，以及花盆、土壤、肥料等

4 根据植株调整高度，倒入适量的培养土，并在土中掺入有机肥料作为基肥。

8 继续添入培养土，让其填满植株之间的缝隙。

1 为了提高盆栽的排水性，在花盆底部铺一层网格后，再铺上轻石。

5 在盆底倒入培养土后浇 1 次水，让土壤和水分融合。

9 最后，在种植后充分浇水，直至盆底的排水孔渗出水。

2 开花的迷你玫瑰"甜梦"花苗。揭下植株根部嫁接处的胶带。

6 决定玫瑰要朝向哪面之后，摆放龙面花，让它点缀玫瑰的底部空间。

3 小心地去掉育苗盆后轻轻地弄散表面的根系。基本不用疏散盆中的土块。

7 从盆中取出千叶兰，种在玫瑰前面。摆放时可以让千叶兰的枝叶从盆里垂下来。

10 迷你玫瑰的组合盆栽就制作完成了。注意清理残花和花梗，并在花期之后追肥、修剪。

大苗的种植

种植冬季出售的大苗。选择大小合适的花盆，掸掉根部的土壤进行种植。花盆中需提前放入垫盆底的石头。

施肥，注意肥料不能碰到根系。然后继续倒入培养土。

留出花盆上端边缘至土表2厘米的水区。从盆土表面轻轻下压。种植完成以后，充分浇水。

修剪的方法

基本的方法是在预留的新芽上方1厘米处修剪。修剪前应确认新芽生长的方向

冬季修剪方式

图中是落叶后的植株。冬季修剪强度可大一些。在开花前50~60天，即2月中旬~3月上旬最适宜进行修剪。

如果想保持较小的株型则需要狠心修剪。不要的枝条要疏除，修剪前需确认发芽方向和位置。

迷你玫瑰的修剪方式

迷你玫瑰在花期过后进行整形修剪。开花期间需要随时清理残花。

把株高修剪至1.5~2倍花盆的高度，整株玫瑰保持统一的高度。迷你玫瑰分枝多，无须确认发芽位置。

修剪的作用和让植株保持小巧的窍门

通过修剪，玫瑰会每年更新枝条，持续开出美丽的花朵。如果总留着老枝会造成玫瑰不开花。

玫瑰的特点是通过修剪，促进新枝生长才能让植株充满活力，每年开花。特别是盆栽玫瑰更需要通过修剪的技术，保持整洁而小巧的株型。

冬季修剪四季开花的玫瑰品种，通常在开花前50~60天，即2月中旬~3月上旬进行。修剪前应提前确认发芽的位置和方向。在想要留下的新芽上方1厘米处修剪，建议剪口朝发芽方向倾斜。不需要的枝条从植株底部或枝条根部剪除。

花期过后也需要修剪。如果要保持小巧的株型，可以留3枝长有5片左右叶片的枝条。修剪时也需注意，一边确认发芽方向，一边在芽上方修剪。

主题6 适合悬挂花盆的花卉

可以挂在棚架、挂杆上欣赏的悬挂花盆。

这样的花盆适合种植矮株、小花、多花的植物。

倒挂金钟

柳叶菜科　灌木、温室植物　株高 / 30~200厘米

别名 / 灯笼花、吊钟海棠　花色 / ○ ● ● ●

月历
·1·	2	·3·	4	·5·	6	·7·	8	·9·	10	·11·	12

开花期　　　　　　　　开花期

防寒　种植、换盆　　　种植、换盆　　防寒

雷氏短筒倒挂金钟

白萼单瓣的品种

倒挂金钟的盆栽

拥有众多品种的园艺植物

倒挂金钟是一种由原产于南美洲的植物培育出来的园艺植物。基本都是常绿灌木，枝条有韧性，花朵从茎节垂吊着开放。有众多不同的花形和花色，有许多品种的花萼和花瓣颜色不同。倒挂金钟有白、红、橙、紫、粉等多种颜色，同时也有重瓣品种。

有不少品种的倒挂金钟惧怕炎热，种植时选择耐暑的品种非常重要。有短筒倒挂金钟血统的品种中有较为耐热的品种，第一次可以选择这一类种植。

三叶品种的倒挂金钟拥有美丽的叶片，也较为耐热，但在日本较少流通。

在春季或秋季种植

倒挂金钟的种植和换盆适合在4月或9月进行。换盆时需要十分小心，尽量不破坏根系。盆土使用草本花卉的专用土，其中掺入40%左右的赤玉土，以提高排水性能。

避免暴晒和过度的阳光直射

倒挂金钟适合在通风明亮的阴凉处种植。倒挂金钟惧怕炎热，夏季需要放在尽可能凉爽的地方。另外，在植株盆栽周围洒水降温同样行之有效。倒挂金钟可以承受春秋两季的阳光直射，但是夏季阳光灼热，需避免暴晒。另外，倒挂金钟不耐寒，冬季需要在室内养护，温度需保持在5℃以上。

倒挂金钟是一种惧怕过湿、积水的植物，需待盆土表面干燥后再浇水。

10月~第二年2月施草本花卉用的缓释肥，另外每月施3次液体肥料；夏季无须施肥。

摘新芽，促分枝

如果放任不管，倒挂金钟的枝条会越来越长，因此需要摘心，打掉新芽，促进分枝。枝条若已经长得十分纤长，可以整形修剪至植株整体的1/2左右，重新调整株型。剪下的枝条可进行扦插繁殖。

倒挂金钟会有叶螨、夜盗虫、温室白粉虱等虫害。如发生叶螨、夜盗虫的侵害，需要及时用专用的药物驱除；若发现夜盗虫，则需立即清除。

用色彩鲜艳的花朵点缀初夏

金鱼草

车前科（玄参科） 一年生草本植物 株高／20~100厘米
别名／龙头花、狮子花 花色／● ● ○ ● ●

月历

| · 1 · 2 · 3 · 4 · 5 · 6 · 7 · 8 · 9 · 10 · 11 · 12 · |

开花期

播种　　　　　　　　　播种

粉色的高生种金鱼草

黄色的高生种金鱼草

适合悬挂花盆的矮生种

悬挂花盆应选择矮生品种

金鱼草原产于地中海沿岸地区。金鱼草本是宿根草本植物，但植株老化后难以维持较好的状态，因此常将其作为一年生草本植物种植。

金鱼草分为用于切花的高生品种，以及适合在花坛、盆栽中种植的矮生品种。高生品种分枝少，株高达到1米左右。矮生品种分枝茂密，株型呈半圆形。制作悬挂花盆时需用矮生品种。

花序顶生，花量大，有白、粉、红、黄、橙等花色。通常金鱼草拥有令人联想到金鱼的独特花形，也有花形为钓钟柳型，形似毛地黄的品种，以及多瓣的品种，种类繁多。

播种时不要覆盖土壤

秋季在9~10月播种，春季在4月播种。金鱼草种子颗粒小，需要阳光照射才能发芽。可播种在较小的花盆中，无须在种子上面覆盖土壤。待长出7片左右真叶后移植到育苗盆中，长到一定大小后定植。植株会生长得很茂盛，定植时避免过于紧凑，空出1株的间隔。盆土可使用草本花卉用的土壤，其中混合约30%的赤玉土，以提高排水性。

适合放在避雨的向阳处

秋季播种后，适合放在没有北风吹过的场所，盖上防霜的防寒布。

开春后放在避雨、通风良好的向阳处种植。待土表见干后充分浇水。不淋雨的花朵开放的时间会更长，浇水时也应避免从植株上方浇下，而尽量从植株根部浇水。

施肥时应使用草本花卉用的缓释肥，另外每月施2~3次草本花卉用的液体肥料。

在开花期应经常剪除残花。

6~8月在有新芽的位置整形修剪，可以促进发芽，增加花量。

金鱼草有蚜虫、白粉病等病虫害，需要尽早驱除或清理感染的叶片。

拥有美丽花朵的森林仙人掌

蟹爪兰

仙人掌科　多肉植物、温室植物　株高 / 20~50厘米
别名 / 螃蟹兰、蟹爪莲　花色 / ⬤ ⬤ ○ ⬤ ⬤

月历

·1 · 2 · 3 · 4 · 5 · 6 · 7 · 8 · 9 · 10 · 11 · 12
开花期　　种植、换盆　　　短日照处理　开花期
防寒　　　　　　　　　　　　　　　防寒

"圣诞白"蟹爪兰

"明石"蟹爪兰

近缘种的假昙花

无刺的仙人掌类植物

原产于巴西的蟹爪兰，从外形很难看出是仙人掌，但它和昙花一样，都是被称为森林仙人掌的一类。

蟹爪兰灌木状生长，有稀疏的分枝，数节扁平有倒钩的茎部相连。蟹爪兰刺已退化，基本无刺。在茎顶端会开出花瓣反向卷起的筒状花。

假昙花是蟹爪兰的近缘品种，花形略有区别，花期在 2~3 月。假昙花以与蟹爪兰同样的方式种植。

购买后在室内养护植株

市面上蟹爪兰会作为冬季的盆栽出现。蟹爪兰不怎么耐寒，冬季适合在室内养护，温度保持在 5℃以上。开花后，将残花从底部拧掉。

换盆在 4~5 月进行。盆土使用多肉植物、仙人掌用土。市面上也有蟹爪兰专用的土壤可供选择。从旧盆取出植物后稍微舒散根系再换盆。换盆时从茎部前端拧断两节茎部，整形修剪。拧下的枝茎可作为扦插材料使用。

进行短日照处理促使其开花

夏季将蟹爪兰放在明亮的阴凉处，其他季节则放到向阳处种植。

在盆土表面干燥后充分浇水。秋季以后需待盆土见干 1~2 天后再浇水，让植株保持偏干燥的状态。

在进入生长期后施草本花卉用的缓释肥，另外每月施 2 次草本花卉专用的液体肥料。6 月以后不再施任何肥料。

蟹爪兰需要进行短日照处理才会开花。9~10月，可在傍晚给植株罩上纸箱，遮蔽阳光，第二天早上再取下。通过人为的方式把日照长度调整为每天 12 小时以内，直至长出花苞。

蟹爪兰有蚜虫等病虫害，应使用专门的药剂驱除。如果枝茎发红，则是发生了烂根的现象，可以选择健壮的枝茎进行扦插，重新培育植株。

盾叶天竺葵

牻牛儿苗科　多年生草本植物、温室植物　茎长 / 30~60厘米
别名 / 蔓性天竺葵　花色 / ● ○ ● ●

月历

· 1 · 2 · 3 · 4 · 5 · 6 · 7 · 8 · 9 · 10 · 11 · 12 ·

防寒	种植、换盆	防寒

开花期	开花期

夏季当心不透气的湿热环境

盾叶天竺葵原产于非洲南部，是一种拥有似常春藤的别致叶形的天竺葵。茎部蔓状下垂生长、适合在吊盆和壁挂花盆中种植。

种植和换盆适合在春、秋两季进行。盾叶天竺葵通常在向阳处种植，也可以放在明亮的阴凉处。待土表见干后再充分浇水。

枝茎若放任不管会不停地生长，可通过摘心促进分枝。如果长得过于茂盛，可整形修剪至整体的1/2左右，调整株型。

夏季，盾叶天竺葵容易不透气，应搬到避雨、通风的阴凉处。冬季保持 5℃以上的养护温度。

盾叶天竺葵

用橙色的旱金莲和报春花（黄色）、三色堇（紫色）等花卉制作的悬挂花盆

旱金莲

旱金莲科　一年生草本植物、温室植物　蔓长 / 30~200厘米
别名 / 旱莲花、荷叶七　花色 / ● ● ○ ●

月历

· 1 · 2 · 3 · 4 · 5 · 6 · 7 · 8 · 9 · 10 · 11 · 12 ·

防寒	开花期	防寒

种植、换盆	播种

适合悬挂的蔓性植物

旱金莲原产于南美洲。本来的旱金莲茎部会呈蔓性，但是在日本矮生品种为主流，因此日本常见的旱金莲蔓性特征并不明显。旱金莲也有带美丽斑纹的斑叶品种，可以作为彩叶植物欣赏。

种植在 4 月进行，播种在 9 月进行，应选择排水性、透气性好的土壤。

旱金莲通常放在向阳处种植，明亮的阴凉处也可以种植。旱金莲惧怕过湿，需待土表见干后充分浇水。如果长得过于茂盛，可以整形修剪至整体的1/2左右，调整株型。

旱金莲通常作为一年生植物种植，但是冬季若放在室内，保持 5℃以上的温度也可以越冬。

早春季节开出可爱的蓝色花朵

粉蝶花

紫草科（田基麻科） 一年生草本植物 株高 / 10~20厘米
别名 / 喜林草 花色 / ○ ● ● ● ●

月历

· 1 ·	2 ·	3 ·	4 ·	5 ·	6 ·	7 ·	8 ·	9 ·	10 ·	11 ·	12 ·

种植 播种（寒冷地区） 播种

开花期

蓝色粉蝶花

紫点粉蝶花

"黑便士"粉蝶花

玲珑可爱的深裂叶片

粉蝶花是原产于北美洲西部的植物。叶片深裂，每一节都会开花，在开花的旺季植株随处都有花开放，像被花朵覆盖了一样。最常见的是天蓝色的蓝色粉蝶花，另外还有黑紫色的"黑便士"粉蝶花，白底深蓝色花纹的暴雪粉蝶花，每片花瓣顶端均有 1 个深紫色斑点的紫点粉蝶花。这些植株的特性没有差别。

茎部易折，需要悉心养护

通常在 9~10 月播种，气候寒冷的地区则在春季播种。由于粉蝶花茎部和叶片都十分脆弱，移植时容易折断，播种时可直接播种在最终想要种植的花盆或其他场所。

选择普通的草本花卉用土，混合 30% 左右的赤玉土，以提高排水性、透气性。

粉蝶花适合在通风的向阳处种植。粉蝶花惧怕高湿的环境，水过多时也会徒长，因此需要待土表干燥后再浇水。强霜降、冰冻可能会伤害花苞，尽可能给粉蝶花罩上防寒布，避免其遭受霜冻。

过度施肥会造成茎部徒长，可施少量草本花卉用的缓释肥，在种植后施 1 次，在开花前施 1 次即可。

粉蝶花病虫害较少，但可能会受到蛞蝓和蚜虫的侵害。

☑ **制作组合盆栽时需要细心，避免折断枝茎**

组合花盆可以衬托粉蝶花的天蓝色花朵。粉蝶花茎部和叶片都十分脆弱，容易折断，购买后移植需要十分小心。1 株粉蝶花就能长得很茂盛，植株间隔至少要留出 1 株的空间。

直接播种也是一个很好的方法。把种子直接播种在想要种植的地方，可以在疏苗的同时种植。

118

枝茎会横向生长，也适合作为地被植物

赛亚麻属

茄科　一年生草本植物、宿根草本植物　株高 / 5~30厘米
花色 / ○ ●

月历

·1·2·3·	·4·5·6·	·7·8·9·	·10·11·12·
防寒		开花期	防寒
	种植、换盆	播种	

清新淡雅的花朵

赛亚麻属植物原产于南美洲，主要流通的是茎部直立的园艺品种。花形呈漏斗状，看起来清新淡雅。

适合在4月种植。适合使用排水性、透气性好的土壤种植，可在用土中掺入约30%的赤玉土。播种在9~10月进行。定植时，可摘心促分枝。如果植株过于茂盛，可以整形修剪至整体的1/2左右，重新调整株型。

赛亚麻属植物适合在向阳处种植，在明亮的阴凉处也可以栽培。冬季需要避开北风和降雪，盖上防寒布养护。赛亚麻属植物惧怕过湿，应在土表见干后再浇水。

"蓝眼睛"赛亚麻属植物

品种"KLM"，让人想起了荷兰皇家航空公司的颜色

拥有丰富多彩的颜色、适合在阳台种植的花卉

龙面花

玄参科　一年生草本植物、宿根草本植物　株高 / 15~30厘米
别名 / 囊距花　花色 / ● ○ ● ● ●

月历

·1·2·3·	·4·5·6·	·7·8·9·	·10·11·12·
防寒		开花期	防寒
	种植	播种	

分为一年生品种和宿根品种

原产于南非的龙面花有一年生的品种和宿根性的品种。一年生是大花形的园艺品种，而宿根性的龙面花色彩淡雅，会开出许多小花。

种植在3~4月进行。选择排水性、透气性好的土壤，可在草本花卉用土中混合约30%的赤玉土，以提高排水性、透气性。播种在9~10月进行。成长中的花苗需要放在避寒风、避雨雪的地方，罩上防寒布。

龙面花惧怕过湿，需要待土表见干后再浇水。龙面花适合放在向阳处，但在明亮的阴凉处也可以种植。过了开花旺季，可以整形修剪至整体的1/2左右。

会开放许多小花的美丽花卉

半边莲属

桔梗科　一年生草本植物　株高 / 15~120厘米
花色 / ○ ● ● ● ○

月历

·1·2·3·4·5·6·7·8·9·10·11·12·
防寒　　　　开花期　　　　防寒
种植　　　　　　播种

六倍利的悬挂花盆

令人联想到蝴蝶的南非半边莲

适合悬挂花盆的维埃拉系列

园艺品种的六倍利适合悬挂花盆

通常以"六倍利"的名称在市面上销售的是原产于非洲南部的南非半边莲的园艺品种。水润的枝茎茂密生长，会开出许多形似蝴蝶的小花，适合制作悬挂花盆。六倍利有白、粉、紫红、蓝紫、浅蓝、群青等花色。

山梗菜也是半边莲属的植物，另外还有近缘的杂交品种。这些品种的茎直立，株高可达 1 米，顶生穗状花序。有白、粉、红、紫等花色，另外还有整个植株呈古铜色的园艺品种，可作为彩叶植物种植。

避免浇水过多

六倍利在 9~10 月播种。冬季需避开北风和降雪，罩上防霜的防寒布。

花苗价格亲民，也可以选择直接购买花苗种植。种植适宜在 3~4 月进行。买回来的花苗需尽早种植。种植前疏散根系时避免破坏根系。由于植株会长得相当茂盛，种植时至少要留出 1 株的间隔。

六倍利适合在向阳处种植，明亮的阴凉处也可以。由于惧怕浇水过多，需待盆土表面见干后再浇水。另外需及时去除残花。

肥料使用草本花卉用的缓释肥，另外每月施 3~4 次草本花卉用的液体肥料。

六倍利基本没有病害，但可能会受到蛞蝓和蚜虫的侵害。

山梗菜类需避免缺水

山梗菜及其近缘种是生长在湿地的植物，需避免断水，在花盆底部托盘中放满水，让土壤保持湿润的状态。

换盆在 2~3 月进行。另外可以在 5~6 月进行插芽繁殖。

盆土选择普通的草本花卉用土，其中混合约 30% 的赤玉土，以提高土壤的排水性、透气性。

在春季到秋季长期开花的花卉
美女樱

马鞭草科　一年生草本植物、宿根草本植物　株高 / 10~100厘米
别名 / 美人樱　花色 / ● ○ ● ● ● ●

月历

·1 · 2 · 3 · 4 · 5 · 6 · 7 · 8 · 9 · 10 · 11 · 12 ·

防寒　　　　　开花期　　　　防寒
播种、种植、换盆

悬挂花盆选择宿根品种

　　美女樱原产于南美洲。从细叶美女樱培育出来的园艺品种会匍匐横向生长，适合悬挂花盆。

　　种植适宜在 4~5 月进行。选用排水性好的土壤，可以在草本花卉专用土中混合 30% 左右的赤玉土。植株会很茂盛，种植时至少留出 1 株的间隔。

　　美女樱适合在通风的向阳处种植。待土表见干后再充分浇水。需时不时清理开始凋谢的花朵，如果植株长得过于茂盛，可以整形修剪，调整株型。

　　冬季适合放在北风吹不到的地方，罩上防寒布养护。

宿根性的美女樱和飞蓬的组合盆栽

紫色小花为鹅河菊，上面的为长春花

小而密集的花朵同样适合组合盆栽
鹅河菊

菊科　一年生草本植物、宿根草本植物　株高 / 10~20厘米
花色 / ○ ● ●

月历

·1 · 2 · 3 · 4 · 5 · 6 · 7 · 8 · 9 · 10 · 11 · 12 ·

防寒　　　　　开花期　　　　防寒
种植、换盆　　　　播种

在秋季播种或种植花苗

　　鹅河菊原产于澳大利亚。最常见的是一年生品种的五色菊，除此之外市面上也能看到宿根的鹅河菊。

　　一年生品种在 9~10 月播种，4~5 月种植花苗。选择排水性好的土壤，在通风的向阳处种植。待土表见干后充分浇水。掐掉新芽可以促进分枝，花量也会变大。

　　由于强霜降和冰冻会对花苞造成伤害，因此冬季应当避开北风和降雪，罩上防寒布进行养护。

蜡菊属

菊科　一年生草本植物、宿根草本植物、灌木　株高 / 10~120厘米
花色 / ● ● ○ ● ●

月历

· 1 · 2 · 3 · 4 · 5 · 6 · 7 · 8 · 9 · 10 · 11 · 12 ·
防寒　　　　开花期　　　　　　　　　　　防寒
种植、换盆　　　　　　播种（帝王贝细工）

养护时保持略微干燥的环境

　　蜡菊是原产于南非、澳大利亚的植物。蜡菊种类繁多，最常见的是一年生的麦秆菊、小麦秆菊，以及宿根性的开出白色小花的纸鳞托菊。另外还有观赏带茸毛的叶片的伞花蜡菊。

　　麦秆菊一类的品种在 9~10 月播种。纸鳞托菊等宿根性的品种在夏季来临之前整形修剪至整体的 1/2 左右，可以调整株型。由于蜡菊属的植物都不喜浇水过多，因此需要带土表见干后再浇水。

小麦秆菊

马齿苋

马齿苋

马齿苋科　一年生草本植物　株高 / 10厘米
别名 / 马苋、五行草　花色 / ● ● ○ ● ●

月历

· 1 · 2 · 3 · 4 · 5 · 6 · 7 · 8 · 9 · 10 · 11 · 12 ·
开花期
种植

耐热、好养的花卉

　　马齿苋原产于北美洲南部至南美洲的干旱的热带地区。马齿苋非常耐热、耐干旱，即使是盛夏阳光直射的环境也可以健壮挺拔地开花。

　　可以买花苗种植，也可以通过插芽繁殖，种植适合在 5~6 月进行。马齿苋的茎部会贴着地面展开，因此种植时需要预留出足够的成长空间。

　　马齿苋适合在向阳处种植，而在阴凉处无法生长。马齿苋惧怕浇水过多，需要在盆土表面干燥后再浇水。

　　植株长得过于茂盛时，可对其整形修剪，这样开放花朵的时候株型更美观。马齿苋不耐寒，无法越冬。

钟状花的伽蓝菜属花卉

宫灯长寿花

景天科　多肉植物、温室植物
株高 / 15~30厘米
花期 / 1~5月
别名 / 红提灯
花色 / ●● ○ ● ●

伽蓝菜属的多肉植物。宫灯长寿花适合在避雨的向阳处种植。需要短日照处理才能开花。冬季需要保持 5℃ 以上的温度。

玲珑可爱的小花

藻百年

龙胆科　多年生草本植物、温室植物
株高 / 30厘米左右
花期 / 6~10月
花色 / ○ ● ● ●

通常在向阳处种植，夏季需要放在明亮的阴凉处。如果枝叶过于茂盛，可修剪至整体的 1/2 左右。冬季只要保持温度在 10℃ 以上就可以越冬。

在温室养护，冬季也能开花

萼距花

千屈菜科　一年生草本植物、温室植物
株高 / 20~50厘米
花期 / 5~10月
别名 / 紫花满天星、孔雀兰
花色 / ○ ● ● ●

常绿多年生草本植物或灌木，在日本通常作为一年生草本植物种植。萼距花适合在通风的向阳处种植，冬季在室内养护并保持 5℃ 以上的温度。

可爱的红色猫尾

猫尾红

大戟科　多年生草本植物、温室植物
株高 / 10~20厘米
花期 / 5~10月
别名 / 红尾铁苋、红毛苋、穗穗红
花色 / ●

在避雨、通风良好的向阳处种植。猫尾红惧怕浇水过多，需要土壤干燥后再浇水。冬季放入室内，保持 10℃ 以上的温度。

开出小白花的组合盆栽的优秀配角

百可花

玄参科　宿根草本植物
株高 / 5~10厘米
花期 / 5~10月
花色 / ○ ● ●

茎部贴着地面延伸，开出粉色或白色的小花。在通风的向阳处或明亮的阴凉处种植。

开放许多小巧的花朵

双距花

玄参科　一年生草本植物、温室植物
株高 / 20~30厘米
花期 / 5~10月（夏季休眠）
花色 / ● ○ ● ●

在通风良好的向阳处种植。由于双距花惧怕高温多湿的环境，夏季放在阴凉处保持凉爽的环境。双距花分一年生品种和多年生品种。

银白色的叶片也十分耐看

百脉根

豆科　多年生草本植物、温室植物
蔓长 / 60厘米左右
花期 / 4~5月
花色 / ●● ●

在避雨、通风良好的向阳处种植。冬季温度保持在 5℃ 以上。在花期过后修剪至整体的 1/2，通过插芽繁殖。

成簇开放的小型秋海棠

四季海棠

秋海棠科　一年生草本植物、温室植物
株高 / 30厘米
花期 / 6~10月
别名 / 四季秋海棠
花色 / ○ ● ●

四季海棠也有古铜色叶片的品种，可以作为彩叶植物种植观赏。四季海棠在向阳处和明亮的阴凉处都能生长。

悬挂花盆的制作

在阳台的半空，以及墙壁、栅栏等较高的位置都可以用悬挂花盆来增添草木花卉的气息。只要利用悬挂花盆，阳台的种植空间可以更加立体，让阳台上的花卉多姿多彩。

充分利用蔓越莓枝条下垂的特点制作的壁挂花盆

适合悬挂的植物和种植窍门

悬挂花盆分为两大类。第一种是挂在栅栏、盆架上的壁挂式的悬挂花盆，称为壁挂花盆；另一种是挂在挂钩上的空中吊挂式的悬挂花盆，称为吊盆。使用壁挂花盆种植时，把植株高的植物种在里侧靠墙面那一侧，外侧种植枝叶下垂的植物。而使用吊盆种植时，则需要考虑到每一个角度的观赏效果。

另外还有一种有豁口的悬挂花盆，侧面也可以种植花卉，因此可以做出整个花盆都被花朵覆盖的效果。

株高较低、枝茎匍匐、花形较小的植物适合悬挂种植。另外，最好选择耐干旱、好养的花卉品种。盆土推荐使用混合了较多水苔的培养土，这种土壤重量更轻，保水性能更好。

有豁口的悬挂花盆

吊盆

壁挂花盆

使用花盆制作组合盆栽的方法

需要准备的物品

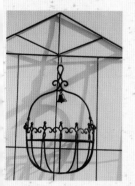

壁挂花盆

椰棕垫

用于悬挂花盆的培养土

花苗（三色堇、香雪球、矾根、地锦、冷水花）

1 按照壁挂花盆的形状剪下椰棕垫。可以留一些重合的部分，剪得大一圈。

2 将椰棕垫铺在壁挂花盆里。注意不要留缝隙，避免漏盆土。

3 可以在市面上购买为悬挂花盆调配的培养土。这种土水苔比例较高，又轻又保水。在这里浇1次水。

4 先取下主花三色堇的育苗盆。单手握住植株根部，倒扣花盆易于取出。

5 如果根部在盆中旋转缠绕，可在取出的盆土和根系底部剪一个十字的豁口。

6 小心地疏散根系，避免破坏根部。侧面同样打散，让根部向外伸展。

7　按照相同的方式取出其他植物。操作时为了防止根部干燥，可以喷水，并在阴凉处进行。

11　在前侧靠右的位置种植地锦。种植时注意枝茎垂下的位置和叶片的方向后再放培养土。

13　用筷子下压植株的间隙及植物与花盆之间的间隙，让植株种植得更加牢固。

8　从花盆里侧（靠墙面那一侧）开始种植。首先在里侧的左半部分种植矾根。用手压植株根部，调整高度，在根部再放入一些培养土。

12　在前侧中央和右侧靠里侧的位置种植紫色的香雪球。可以想象花朵从后面"探出头"的形象种植。

14　种植完成后，浇入足够的水。种植后的花盆放在没有阳光直射的地方，让植株充分休息，1天之后再安置到向阳的场所。

9　在旁边种上三色堇。由于位置靠后，种植高度可以调整得高一些。

15

小型花卉和绿色藤蔓的壁挂花盆就制作完成了。冷水花在花盆侧面打孔，种在侧面的空隙中。

10　种植另外一种三色堇。留出花盆前侧及右侧，种植别的植物。

主题 7　香料、香草植物

让阳台弥漫芳香的香料、香草植物，
有很多是容易打理的。
在开花植物较少的季节不仅可以点缀空间，
还可以用于烹饪，增添一份收获的乐趣。

薰衣草

香气怡人、形态优美的香草

唇形科　灌木　株高 / 30~100厘米
花色 / ○ ● ●

月历

| ·1·2·3·4·5·6·7·8·9·10·11·12 |

防寒　　　开花期　　　　防寒

种植、换盆　修剪、采收　种植、换盆

原生薰衣草

齿叶薰衣草

法国薰衣草

品种众多的香草植物

薰衣草是一种小型的常绿灌木，原产于以地中海沿岸地区为中心的地区，从北非到中东、远东地区都有分布。薰衣草品种众多，也有许多通过杂交培育的园艺品种。欧洲种植薰衣草的历史悠久，自古以来就作为香料使用。

由于园艺品种的薰衣草特性各不相同，购买时尽可能选择标明品种的植株。每一种薰衣草的香气也略有不同，通过自己的嗅觉，选择自己喜欢的香气也是不错的挑选方式。

耐寒性强的薰衣草品种有原生薰衣草、宽叶薰衣草、绵毛大薰衣草、宽窄叶杂交薰衣草等。较为不耐寒的品种有齿叶薰衣草、法国薰衣草、羽叶薰衣草、蕨叶薰衣草等品种。

初次种植建议选择宽窄叶杂交系的薰衣草

一般来说，有耐寒的品种惧怕炎热、耐热的品种惧怕寒冷的倾向。

初次种植薰衣草可选择宽窄叶杂交薰衣草一类的品种，这一类园艺品种既耐寒又耐热，生性强健。

原生薰衣草、宽叶薰衣草、绵毛大薰衣草等品种虽然惧怕炎热，但如果选择排水较好的土壤，在温暖的地区也可以种植。

在寒冷的地区种植齿叶薰衣草、法国薰衣草时，可罩上防寒布防寒。羽叶薰衣草、蕨叶薰衣草是尤其惧怕寒冷的品种，冬季养护可放在室内并保持3℃以上的温度，或放在没有北风吹过的场所，并且罩上防寒布进行防寒。

混合苦土石灰，调制弱碱性土壤

不论什么品种的薰衣草都是在3~4月或9~10月种植。由于薰衣草长势喜人，种植时不要过于拥挤，留出两倍以上的间隔。在盆土中掺入50%左右的赤玉土，以增加排水性、透气性。薰衣草不喜酸性土，需在盆土中混合少量苦土石灰中和土质。

薰衣草适合在通风的向阳处种植，放在避雨的场所最为理想。由于薰衣草惧怕高湿，土表见

小花坛里的原生薰衣草

温暖地区也容易种植的杂交薰衣草

白色的法国薰衣草

白色的原生薰衣草

干后再充分浇水。花朵在不沾水的情况下可以开放得更久，因此浇水时也要注意直接浇在植株根部，而不是从植株上方浇水。

肥料选择草本花卉用的缓释肥，每月施 1~2 次草本花卉用的液体肥料。

薰衣草病虫害较少，但有时蚜虫会侵害花朵和新芽，需要尽早驱除。

即使耐寒的品种也可能会被积雪压断，在户外种植时在降雪前需要做一些预防措施，例如把几棵植株捆绑在一起，预防降雪带来的伤害。

花朵和叶片有多种用途

剪下开花的花茎可用于香袋、干花、沐浴剂的制作。

剪花茎时需在花下方留 4~8 片叶的位置剪下，不能在花茎根部没有叶片的位置剪。即使不剪下花茎，也需要在花期过后在同样的位置修剪，保持植物通风良好。这时如果枝茎过于茂盛，可以在根部剪掉进行疏苗，保证植株透风。

修剪、疏苗剪下的枝茎可进行扦插繁殖。

✓ 薰衣草芳香怡人

柔和的薰衣草香气有镇静安神的作用，可以改善失眠，缓解压力。制作薰衣草的干花非常简单，还可以让我们随时享受薰衣草的芳香。剪下开放了约一半的薰衣草花茎，挂在通风的阴凉处风干。在桌面铺上报纸，将风干的薰衣草花取下，放在布袋中制成香袋。香袋放在包里，就可以随时享受薰衣草的香气了。

干薰衣草

香叶天竺葵

牻牛儿苗科　多年生草本植物、温室植物　株高 / 30~100厘米
花色 / ○ ● ●

月历

·1·	·2·	·3·	·4·	·5·	·6·	·7·	·8·	·9·	·10·	·11·	·12·

　　开花期　　　　　　　　　　　　　　开花期

　　防寒　　　　种植、换盆　　　　种植、换盆　　防寒

柠檬香天竺葵

齿叶天竺葵

香叶天竺葵与玫瑰的组合盆栽

香气怡人的天竺葵品种

　　香叶天竺葵是一种园艺植物，由原产于南非的品种培育而来。香叶天竺葵与天竺葵（马蹄纹系列）为相近的品种，叶片散发强烈香气。花朵小巧玲珑，给人清秀的印象。

　　大部分花色都为白色或粉色等浅色，也有一些植株会开出红色的花朵。不同品种叶片形态各异，大多数质感较硬并且有深裂，但也有质感柔软或圆形的叶片，叶片散发的气味也各不相同。

在阳光下种植让香气十足

玫瑰天竺葵

　　换盆适合在 5~6 月或 9~10 月进行。盆土选择草本花卉用土，其中混合30%左右的赤玉土，以增加排水性、透气性。

　　香叶天竺葵适合在向阳处种植。虽然在明亮的阴凉处也可以种植，但香气容易变淡，植株容易徒长。

　　香叶天竺葵惧怕浇水过多，需要在土表见干后再浇水。肥料使用草本花卉用的缓释肥。每月施3~4次草本花卉用的液体肥料。

剪枝促进分枝

　　只要处于生长期，随时都可以取下叶片使用。在花朵凋谢后，从花茎根部剪下，清理残花。

　　有些品种若放任不管，枝条只会不断变长。因此需要剪枝，促进分枝。若长得过于茂盛，可以修剪至整体的1/2。长势迅速的品种，可以修剪至1/3左右，但是如果剪得太深，剪到没有叶子的部分，植物的生长速度会变得非常慢，所以剪枝应剪至留有叶子的部分。剪下的枝茎可以作为扦插材料。

　　香叶天竺葵不十分耐寒冷。冬季需保持5℃以上的温度，或在吹不到北风的场所罩上防寒布养护。香叶天竺葵基本没有病虫害。

在日本也有分布的与麝香草同类的植物

百里香

唇形科　灌木　株高 / 5~20厘米
花色 / ○ ●

月历

| · 1 · 2 · 3 · 4 · 5 · 6 · 7 · 8 · 9 · 10 · 11 · 12 · |

开花期

种植、换盆　修剪、采收

荷巴百里香

黄斑柠檬百里香

匍匐百里香

烹饪、干花熏香等用途广泛的香料植物

百里香广泛分布于北半球，但是种植的多为原产于欧洲的品种及其杂交培育的品种。

百里香是一种常绿的灌木，多数枝茎从根部直立，呈灌木状生长。茎也会一边分枝一边在地面延伸，地毯状连片生长成直径为 30~50 厘米的大小。花顶生，花色为白色或粉色。百里香也有许多斑叶品种，可以作为彩叶植物种植、观赏。

百里香不耐暑，在温暖的地区，作为高山植物种植会比较保险。百里香非常耐寒，在寒冷的地区不要太多顾虑。

采收茎叶可用于烹饪、制作干花等多种用途。新鲜的叶子全年随时都可以采。如果干燥保存，则在植物开始开花的时节采收。

注意高温高湿的夏季

百里香适合在春季和秋季种植。盆土使用排水性、透气性好的土壤。可选择在草本花卉用土中混合 50% 左右的赤玉土，或在山野草用土中混合30% 左右的赤玉土，以提高土壤的排水性。百里香不喜酸性土，需在盆土中混合苦土石灰中和土质。

百里香适合在向阳处种植。由于惧怕过湿，需待土表见干后再浇水。在种植时土壤中混合一小撮含磷较多的缓释肥，另外每月施 2 次草本花卉用的液体肥料。

在温暖的地区，夏季需搬到凉爽、明亮的阴凉处。最好能在原来的花盆外侧套一个大两圈的花盆，缝隙中填上鹿沼土或小颗粒的轻石，缓解高温。冬季则要避开寒冷的北风。

修剪植株、改善通风环境

百里香惧怕夏季高湿、不透气的环境，在花期过后可适当修剪整形，改善通风环境。修剪和采收可以同时进行。修剪通常保留 1/3~1/2 的植株，但切记只能修剪至还留有叶片的位置。

枝茎剪下后也可以进行扦插繁殖。

最好每年在百里香花期过后的 2~3 月换盆。

百里香基本没有病虫害。

意大利菜中不可或缺的美味香草

罗勒

唇形科　一年生草本植物、灌木　株高 / 30~60厘米
别名 / 九层塔　花色 / ○ ●

月历
· 1 · 2 · 3 · 4 · 5 · 6 · 7 · 8 · 9 · 10 · 11 · 12 ·

灌木品种做防寒措施　　　　　播种　　　　　防寒

开花期

紫红罗勒

甜罗勒

桂皮罗勒

甜罗勒最容易在烹饪中使用

罗勒是原产于亚洲热带地区的植物。罗勒品种繁多，叶片颜色、形态各异。

作为食用的罗勒，在日本主要种植的是浅绿色的甜罗勒。甜罗勒的叶片质地软，也是意大利菜的灵魂，盛夏时节会开出朴素的白花，与紫苏花相似。罗勒种子用水浸泡后外侧会产生一种胶质，会被用来制作甜品（市面上销售的种植用的罗勒种子外侧涂有防虫剂，不可食用）。此外，市面上有时也有灌木的品种。

播种培养

罗勒可采用播种的方式培育。发芽需要 20℃以上的温度，适合在 5 月以后种植。销售的包装中，通常种子数量较多，每隔 1 周分批种植，可依次接续采收。

若从幼苗开始种植，弄散根系时要小心操作，避免破坏根系。罗勒会长到幼苗成倍的大小，因此不要种植得过于拥挤，留出 15 厘米的植株间隔。

盆土可选择草本花卉用土。可以通过扦插枝茎繁殖罗勒。

罗勒适合在向阳处种植。明亮的阴凉处也可以栽种，但是香气会变淡。土表见干后再允分浇水，肥料施草本花卉用的缓释肥，此外每月施 3~4 次液体肥料。

罗勒没有太多病虫害，但有可能会产生毛虫，发现后需立即驱除。

灌木的罗勒品种作为温室植物种植，冬季需放在室内，保持在 10℃左右的环境中养护。

在需要时采收罗勒叶

罗勒有两种采收方式，一种是在植株长大后采收新芽，另一种是在株高达到 20 厘米左右时整株采收。如果种植空间较小，可以采取第二种方式。

如果采用第一种方法，需要时就采收嫩芽。罗勒开花后，分枝数量不会再增加，因此尽早摘掉长出的花芽，罗勒采收时间会更长。采收了大量的罗勒后可以制成罗勒酱，或风干保存干罗勒。

适合制作花草茶的美丽花卉
母菊

菊科 一年生草本植物 株高 / 30~60厘米
别名 / 洋甘菊 花色 / ○

月历
· 1 · 2 · 3 · 4 · 5 · 6 · 7 · 8 · 9 · 10 · 11 · 12 ·

开花期　　　　　　播种

使用花朵的香草

　　母菊通常指德国甘菊，原产于地中海沿岸至西亚地区，与果香菊虽然不属于同属，但是用途和用法相同。

　　将母菊的种子种在育苗盆中，待长到一定大小后定植。盆土选择排水性较好的土壤，并且混合苦土石灰来中和土质。母菊适合种植在通风的向阳处，浇水需在盆土表面见干后，从植株根部浇入。

　　花朵黄色的部分鼓起，花瓣开始下垂时进入采收时节。母菊可用于制作花草茶、干花、沐浴剂等。

德国甘菊

有多种药用功效的典型香草
撒尔维亚

唇形科 株高 / 30~50厘米
别名 / 药用鼠尾草 花色 / ●

月历
· 1 · 2 · 3 · 4 · 5 · 6 · 7 · 8 · 9 · 10 · 11 · 12 ·

种植、换盆　　　　　扦插

开花期

还可作为彩叶植物种植观赏

　　撒尔维亚原产于地中海沿岸地区的塞尔维亚。撒尔维亚的叶片密被柔软的茸毛，有药用价值，同时也可以在烹饪中使用，去除肉类的腥味。此外还有紫色、黄色等斑叶的园艺品种。

　　撒尔维亚在春季种植，适合在通风的向阳处养护。第一年让植株长到一定的大小，第二年再开始采收。

　　撒尔维亚惧怕过湿，在土表见干后再浇水。肥料使用少量缓释肥。

　　全年可以进行少量的采收。若集中采收，可在生长季节与修剪工作并行。

撒尔维亚

133

香气清爽宜人、为人熟知的香草

薄荷

唇形科　宿根草本植物　株高 / 5~80厘米
花色 / ○ ●

月历

| ·1· | 2· | 3· | 4· | 5· | 6· | 7· | 8· | 9· | 10· | 11· | 12· |

播种、扦插

种植、换盆

开花期

留兰香

辣薄荷

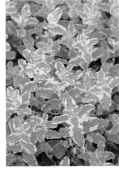
斑叶凤梨薄荷

欧薄荷

在日本种植的薄荷属植物

　　薄荷在北半球的温带地区分布最为广泛。种植最多的是留兰香、辣薄荷、苹果薄荷等原产于欧洲的品种，以及以其为基础培育的杂交品种。薄荷叶片、枝茎有清爽宜人的强烈香气，根据品种不同，气味和香气浓淡也有所不同。

　　薄荷叶片对生，茎直立或靠着其他植物生长，夏季以后茎顶端会开出白色或浅紫色的花朵。横生的地下茎长势迅猛。冬季，地上部分枯萎，进入休眠期，而小型的科西嘉薄荷除外。科西嘉薄荷是常绿植物，会在地面匍匐生长。

薄荷不适合组合盆栽

　　2~4 月适合种植幼苗、换盆。薄荷每年都需要换盆。买回来的幼苗需要尽早种植，种植时注意避免破坏根系。

　　由于薄荷长势迅猛，繁殖得很快，在一个花盆种 1 株即可。薄荷的地下茎会不断地横生延伸，不适合组合盆栽。即使混种不同的薄荷，也只有生命力最强的一种能成活，因此即使是不同种类的薄荷

也需要分开种植。

　　土壤选择草本花卉用土。薄荷容易倒伏，可以搭环绕的支架支撑植株。

注意不要断水

　　薄荷通常种植在向阳处。明亮的阴凉处也可以种植，但是气味会变淡，而科西嘉薄荷在明亮的阴凉处种植。

　　薄荷是生长在湿地里的植物，种植时注意不能缺水，保持土壤湿润。在花盆底部托盘中放上水也是一种保持土壤湿润的方法。

　　肥料施草本花卉用的缓释肥，每月施 2~3 次草本花卉用的液体肥料。

　　薄荷植株长到 20~30 厘米以后可以随时采收，如果长得过于茂盛，也可以采收、修剪并行。薄荷再生能力强，只要剪掉后植株上还有叶片，从植株较低的位置修剪也可以成活。剪下的枝茎可进行扦插繁殖。

　　薄荷基本没有病虫害，但是有时会受到蚜虫和蝗虫的侵害，发现后需立即驱除。

原产于欧洲的与三色堇同类的植物

香堇菜

堇菜科　宿根草本植物　株高 / 10~15厘米
别名 / 香堇　花色 / ○ ● ●

月历

· 1 · 2 · 3 · 4 · 5 · 6 · 7 · 8 · 9 · 10 · 11 · 12 ·

开花期 ————————— 开花期

种植、换盆 —————— 播种

早春时节就可以享受甜美的芳香

　　香堇菜是原产于地中海沿岸地区的堇菜属植物。花色多为紫色，也有白、粉、蓝紫、浅黄、红豆色等不同颜色的香堇菜，除了单瓣的品种也有多瓣的品种，但并不是所有种类的香堇菜都会散发香气。

　　种植花苗适合在 3~4 月进行，播种则在秋季进行。秋季到春季，香堇菜适合在向阳处，夏季适合在明亮的阴凉处种植。在盆土表面见干后充分浇水。香堇菜适合放在避雨的地方。冬季需要避开降雪和北风，并罩上防寒布养护。在花朵盛开时即时采收。香堇菜有添加香气的作用，可以在制作甜点时使用。

香堇菜

可以食用紫色花朵的香料植物

玻璃苣

紫草科　一年生草本植物　株高 / 30~90厘米
花色 / ○ ●

月历

· 1 · 2 · 3 · 4 · 5 · 6 · 7 · 8 · 9 · 10 · 11 · 12 ·

开花期

防寒 ———— 播种 ———— 防寒

可以用花和叶片制作沙拉

　　玻璃苣原产于地中海地区。植株底部长出较大的叶片，春季在伸展的枝茎上开出许多花朵，叶片和枝茎上密生粗毛。

　　播种在春季或秋季进行。玻璃苣不喜移植，因此通常采取直接播种的方式，或种在育苗盆中、定植时不打散根系的方法种植。当花苗长到一定程度后，搭建支架支撑植株。

　　玻璃苣适合在通风的向阳处种植。由于玻璃苣不喜过湿，因此待盆土表面见干后再浇水。冬季避开北风和降雪，罩上防霜的防寒布养护。

　　采收玻璃苣的嫩叶和花朵，可以用来制作沙拉。

玻璃苣

烹饪肉类时会很方便

迷迭香

唇形科　灌木　株高 / 20~100厘米

花色 / ○ ● ●

月历

·1·2·3·4·5·6·7·8·9·10·11·12·

| 开花期 |
| 防寒 | 种植、换盆 | 种植、换盆 | 防寒 |

迷迭香的花

直立型迷迭香

匍匐型迷迭香

分为直立型和匍匐型的品种

迷迭香是原产于地中海沿岸的一种常绿灌木。长有许多革质细叶的枝茎从植株底部灌木状生长，枝茎顶端会开出浅紫色、白色、浅粉色的花朵。迷迭香可分为直立型、匍匐型和处于两者之间的中间型。此外，迷迭香也有斑叶的园艺品种。不同品种的花色、枝茎的形态也不尽相同，因此购买时尽量选择标明品种的植株。

种植时需稍微打散根系

4~5月或9月适合种植幼苗。使用草本花卉用土，混合40%左右的赤玉土，以提高排水性、透气性。在从幼苗盆中取出植株后，需要稍微弄散根系再种植。迷迭香长势喜人，因此不宜种植得过于拥挤，需要在植株周围留出足够的距离。

种植组合盆栽时，选择直立型的迷迭香，可以与喜欢干燥的绵毛水苏、薰衣草等植物种在一起。

种植迷迭香第一年的任务是让其长到一定的大小，在第二年以后再开始采收。

可以随时剪枝使用

迷迭香适合在通风的向阳处种植。迷迭香惧怕浇水过多，需要在盆土表面见干后再浇水。肥料选择草本花卉用的缓释肥，另外每月施2次液体肥料。

如果枝茎长得过旺，可以进行采收和修剪。只要植株上留有叶片的位置，在哪里剪下去都没有关系，但一次剪掉的量不要超过整株的1/3。整形修剪在9月进行，剪下的枝茎可进行扦插繁殖。

迷迭香虽然耐寒，但冬季放在没有北风吹过的场所，罩上防寒布养护较为保险。每年换盆，适合在春季或秋季进行。

迷迭香病虫害较少，但花苞和花朵可能会出现蚜虫。发现蚜虫后应立即驱除。

全年随时都可以进行少量的采收，大量采收适合在4~9月的生长期进行。迷迭香除了可以用于烹饪，去除肉类和鱼类的腥味，还有风干制成干花或制作沐浴剂等使用方法。

花朵美丽、推荐种植的花卉
美国薄荷

唇形科　宿根草本植物　株高 / 30~100厘米
别名 / 马薄荷　花色 / ○ ● ● ●

月历

·1·2·3·4·5·6·7·8·9·10·11·12·
种植、换盆　　　　　开花期

美国薄荷

气味与香柠檬相似的香草

美国薄荷原产于北美洲，常见的有开红色花朵的美国薄荷、开粉色与白色花朵的美国薄荷两种。虽然美国薄荷也被称为"香柠檬"，但真正的香柠檬是柑橘类的植物，只是美国薄荷的香气与其相似。

美国薄荷适合在 2~3 月种植。由于美国薄荷容易倒伏，所以需要搭上环形的支柱。

美国薄荷适合在向阳处种植，在明亮的阴凉处也可以生长。在盆土表面见干后再充分浇水。肥料使用草本花卉用的缓释肥，另外每月施 2~3 次液体肥料。

密被白色茸毛的绵毛水苏

手感柔软的叶片惹人怜爱
绵毛水苏

唇形科　宿根草本植物　株高 / 20~50厘米
花色 / ● ● ●

月历

·1·2·3·4·5·6·7·8·9·10·11·12·
种植、换盆　　　　开花期　种植、换盆

手感舒适的柔软叶片

绵毛水苏原产于高加索、伊朗地区。叶片质厚，密被白色茸毛，手感柔软。到了夏季，生长的枝茎会开出粉色的花朵。

2~3 月和 9 月最适合种植绵毛水苏。绵毛水苏很怕闷湿不透气，因此种植时需要留出足够的植株间隔，在避雨、通风的向阳处种植。相比之下，绵毛水苏惧怕过湿，需要待盆土见干后再浇水。种植时，在土壤中混合一小撮磷含量较高的缓释肥，另外每月大约施 2 次液体肥料。绵毛水苏十分耐寒，不需要做防寒措施。

可以采收枝茎和叶片，制作干花和香包。

锦葵

锦葵科　二年生草本植物、宿根草本植物　株高 / 50~200厘米
别名 / 荆葵　花色 / ○ ● ●

月历
· 1 · 2 · 3 · 4 · 5 · 6 · 7 · 8 · 9 · 10 · 11 · 12 ·

分株　播种　　　　播种
开花期

不经意掉落的种子也能很好地发芽

　　锦葵原产于欧洲南部地区。茎直立，会开出许多直径约 5 厘米的花朵。高株型的锦葵株高可达 60~200 厘米。麝香锦葵株高为 50 厘米左右，株型较小，适合在阳台种植。欧锦葵为匍匐型。

　　播种在春季或秋季进行。锦葵不喜移植，因此直接播种在花盆或其他容器中。锦葵很好养，即使一些不经意掉落在花坛里的种子也能生长得很好。在阳光充足的地方种植，盆土表面见干后再充分浇水。锦葵的嫩叶可以食用。嫩叶煎水可以用来漱口，也可以服用，具有止渴的作用。

麝香锦葵

野草莓的花朵和果实

香甜美味的野生草莓

野草莓

蔷薇科　宿根草本植物　株高 / 10厘米
花色 / ○

　　　　　　　　　　　　　　　　　　　　　　月历
· 1 · 2 · 3 · 4 · 5 · 6 · 7 · 8 · 9 · 10 · 11 · 12 ·

种植、换盆　　开花期　　　　　　种植、换盆

容易种植的小型草莓

　　野草莓广泛分布于北半球，是一种在日本北海道也能见到的野生草莓品种。和指尖差不多大的果实在成熟后呈红色或白色。

　　在春季或秋季种植。由于野草莓的根系较为发达，因此需要选择有一定深度的大花盆。盆土选择排水性较好的土壤，可混合 30% 的赤玉土。

　　野草莓适合在通风、明亮的阴凉处种植。可在植株上罩网，防止果实被鸟儿吃掉。待盆土见干后再充分浇水。种植时在土壤中混合一些缓释肥，另外每月施 2 次液体肥料。

　　野草莓十分耐寒，不需要做防寒措施。

黄色的菊科植物

春黄菊

菊科　宿根草本植物
株高 / 15~30厘米
花期 / 4~5月
花色 /

春黄菊在初夏时节开放美丽的黄色花朵。花没有什么香气，但是不易凋谢，适合做切花。

美丽的银白色叶片

银香菊

菊科　宿根草本植物
株高 / 20~50厘米
花期 / 6~9月
花色 /

银香菊原产于欧洲至非洲的干旱地带。银香菊惧怕高温高湿，需要在夏季来临前修剪，保证通风。可以制作干花。

可用于烹饪意大利菜肴

牛至

唇形科　宿根草本植物
株高 / 10~30厘米
花期 / 7~8月
花色 / ○ ●

叶片和茎部散发类似薄荷的香气，可给肉类、西红柿等菜肴中添加香气。适合在阳光充足的场所种植，需要注意避免闷湿、不通风的环境。

香气怡人的小型葱属植物

北葱

百合科　春植、秋植球根植物
株高 / 20~30厘米
花期 / 5~7月
花色 / ● ●

北葱广泛分布于欧亚大陆北部地区。日本北海道地区称为"蝦夷葱"。种植简单，但是注意不能断水、缺肥。

原产于南美洲、香味袭人的香草

南美天芥菜

紫草科　灌木
株高 / 50~70厘米
花期 / 4~9月
别名 / 香水草
花色 / ○ ●

南美天芥菜的花朵香气类似香草，是香水的原料。在家种植南美天芥菜也可以制作干花。夏季在阴凉处，冬季在5℃以上的环境中种植。

与胡萝卜有些相似的食用香料

欧防风

伞形科　一年生草本植物
株高 / 50~120厘米
花期 / 7~8月
别名 / 欧独活
花色 /

若只赏花，可用小盆种植。若像胡萝卜一样食用根部，则需在大盆中种植。欧防风适合在阳光充足的场所种植。

白色菊花属植物

小滨菊

菊科　宿根草本植物
株高 / 30~80厘米
花期 / 6~7月
别名 / 小白菊
花色 / ○

小滨菊繁殖力强，可用于制作花草茶以及沐浴剂。

迎风摇曳的花朵充满魅力

神香草

唇形科　宿根草本植物
株高 / 40~60厘米
花期 / 6~9月
别名 / 柳薄荷
花色 / ○ ● ●

花朵和叶片散发类似薄荷的清香，用于制作甜酒（增添香气）及沐浴剂。神香草虽耐热，但需避免环境闷湿、植株不透气。

巧用香草植物

香草植物非常实用，不仅可用于烹饪，更有其他多种用途。可以随时就地取材也是在阳台种植香草的一大好处。就让我们使用种植的香草植物，来享受它们的芳香和风味吧。

使用新鲜的薄荷叶制作的花草茶

巧用自家种植的香草

香草是一些在生活中很实用的植物，可用于烹饪以及制作饮品、干花、染料、手工皂等。

烹饪用的香草中，罗勒、欧芹、迷迭香、百里香、撒尔维亚等使用频次较高，很受欢迎。如果将其种在阳台，在做菜时就可以就地取需要使用的分量，非常方便。

薄荷、母菊、香茅、薰衣草、万寿菊等可用于制作花草茶。花草茶中可使用新鲜的香草，也可以采收风干后使用。花草茶的香气、颜色各不相同。此外，不同的花草茶含有不同的成分，在美容、养生等方面的效果也不同。可以根据个人口味，添加蜂蜜、柠檬，或加入红茶一起饮用。

各类香草

母菊

万寿菊

留兰香（香薄荷）

薰衣草

厨房香草食谱

罗勒酱

采收罗勒加入橄榄油和盐以后，与干炒过的松子一同放入打碎机打碎。罗勒酱可以用于制作意大利面，也可以涂抹在面包上食用，非常美味。

香草醋

食用香草醋可以享受香草的芳香精华。可将新鲜的百里香、龙蒿草等香草放入瓶中，倒入米醋，放在阴凉处。大约 1 个月就能泡出香草的香气和风味。

欧芹黄油蒜香炒饭

黄油蒜香炒饭中添加切碎的欧芹。做好炒饭后加入欧芹即可。欧芹的香气是点睛之笔。

迷迭香黄芥末煎鸡

迷迭香可以很好地消除肉类的腥味。在用调味料给鸡肉调味后加入几根迷迭香就能够给整道菜添加一份独特的芳香。

香草纯露

在采收的新鲜香草中加入水后蒸馏，制作纯露。香草纯露香气袭人，可用于制作化妆水等。

制作方法

准备在市面上购买的鲜花精油蒸馏设备。采收迷迭香、香草等香草叶片。将香草和水放入蒸馏机后用火加热，将蒸发的气体晾凉后纯露就制作完成了。

制作的纯露可以倒入瓶中保存

香草干花手工皂

可用纯露、香草精华制作手工皂。此外，加入干香草还能给肥皂增添一分色彩。

制作方法

在植物性皂基中加入香草纯露、干花后充分搅匀。此外，可加入几滴香薰精华，添加香气。最后入模成型。

颜色、香气不同的手工皂

种植花卉的基本课程

种植花卉怎么选择土壤？要如何浇水？

下面我们就来介绍一下园艺的基础知识，让种植花卉变得更加得心应手。

第1课

植物特性与分类

园艺植物可以分为4大类。了解每一类植物的特性和生长周期，有助于安排不同季节的养护工作，也能让我们更好地选择不同类型的植物，享受园艺带来的乐趣。

开花后会枯萎的一二年生草本植物

园艺植物种类丰富，最具代表性的就是一二年生草本植物、宿根草本植物、球根植物及花卉苗木。

一年生植物是指播种后一年内开花、凋谢的植物，而二年生植物是指在第二年或隔年开花后凋谢枯萎的植物。

一二年生植物在开花结果后便凋谢枯萎。有一些本身是多年生的植物无法适应种植地的气候，不能熬过炎炎夏日或大雪寒冬，在当年就枯萎了。这类植物有时也会作为一二年生草本植物来种植。

每年在固定时节开花的宿根草本植物

宿根草本植物与一二年生草本植物不同，能够连续生长多年。它们会在不适宜生长的季节进入休眠期，到了适合的季节就会重新充满活力，开出花朵。

宿根草本植物容易在不开花的闷热夏季或下霜的冬季枯萎死去，种植时需要精心照料。通过夏季保证采光和通风、冬季注意温度管理等方式，尽可能根据植物的产地调整适合的种植环境。特别是夏季阳台炎热，有时需把植物搬到遮光或只有上午半天阳光的地方。此外，在植物根部铺上园艺用的树皮覆盖物，可起到防止土壤干燥的作用。

储存养分、进入休眠期的球根植物

球根植物种类丰富、颜色鲜艳，经常作为组合盆栽的主花种植。球根植物根或地下茎肥大，可储备养分，度过休眠期。

球根植物有春植和秋植之分，根据开花时间不同种植季节也有所不同。品种不同，开花后球根的养护方式也有所不同。有一些可原封不动地种在土中，直至第二年；有一些球根则需要从土中挖出来管理养护。

花卉苗木是用来赏花的木本植物，种植时保持小巧的株型

花卉苗木简称花木，是观赏花朵的一类树木。每一种花木个性不同，各有特色，在设计大花盆时经常会一跃成为主角，表现园艺空间的高度和景深。这类植物有玫瑰、绣球花、铁线莲等叶片在冬季枯萎的落叶树种，也有山茶花、茶梅等常绿树种。

选择不会长得太大的品种是盆栽花木的窍门。此外，推荐选择生长缓慢，或可以修剪得较多的花木品种。

一二年生草本植物

三色堇、角堇、波斯菊、雏菊、百日菊、碧冬茄等都是开花结籽后便会枯萎的一类植物。一二年生草本植物会不断地开出花朵，有很多适合盆栽、组合盆栽的品种。容易种植，可以作为组合盆栽的素材使用是这一类植物的优点。

宿根草本植物

宿根草本植物的特点是每年都会开花。宿根草本植物有多种分类方法，有一种分类方法会把在休眠期地上部分枯萎的称作宿根草本植物，把休眠期仍然长有叶片的称作多年生草本植物。此外，有时也会把能在户外越冬的植物称作宿根草本植物。代表性的宿根草本植物有撒尔维亚、风铃草、枯梗、钓筷子、芍药、木茼蒿、卞簪等。

球根植物

球根植物的根或地下茎肥大，可以储存养分。因为球根可以供给足够的养分，容易开花，所以适合新手种植。不耐寒冷的球根植物为春植，不耐炎热的为秋植。水仙、雪花莲等植物的球根可以在土中连续埋上数年，不用取出，而番红花、郁金香、风信子等植物的球根需要从土中取出保存。

花木（花卉苗木）

花木是指玫瑰、绣球花、铁线莲、马缨丹等，用来赏花的木本植物。花木的修剪是种植的窍门，对于盆栽种植更是必不可少的工作。修剪的位置非常重要，剪得不对可能会导致第二年不开花。另外，不同种类的植物抽生花芽的时间也有所不同。因此，修剪时也需注意时节，根据生长周期以正确的方法进行养护。

第2课

土壤与肥料

在种植植物的过程中，土壤和肥料的选择是非常重要的。土壤应选择排水性、透气性、保水性、保肥性好的。选择肥料时应注意三大营养素氮、磷 、钾 的比例平衡，并在适合的时节施肥。

土壤是植物的家园，好土壤有哪些必要条件

植物在土壤中伸展根系、支撑整个"身体"。此外，植物生长还需从土壤中获取养分、水分。植物根系能够健康生长，地上部分也就会充满活力，开出美丽的花朵。

为了让根系保持良好的状态，土壤的种类和土质至关重要。特别是盆栽的植物，由于盆中空间有限，盆土的质量就尤为重要。

良好的排水性和透气性是好土壤的必要条件。植物根系也会呼吸，因此土中拥有能够让空气和水分通过的空间很有必要。另外，土壤还需要有保水性，能让肥料长期发挥作用。对植物来说，排水性、透气性、保水性、保肥性保持良好平衡的土壤，才是理想的土壤。

在代表性的赤玉土、鹿沼土、黑土等基本用土中加入腐殖土、水苔等土壤调配种植用的盆土。市面上也有调配好的土壤，可以直接买来使用，非常方便。除了草本花卉专用的土壤，还有能满足蔬菜、香草、观叶植物、多肉、洋兰等不同植物需求的土壤。

肥料的作用和施肥的节点

植物的健康成长离不开养分。盆栽由于空间有限，容易发生缺肥的现象，因此需通过施肥来补充营养。

植物肥料的三大营养元素是氮、磷、钾。氮又称"叶肥"，是植物叶片生长的必要元素。若叶片缺氮，会呈非正常的绿色，并且植株会长得矮小、细弱。磷主要是生成花朵和果实所需的营养元素。适当施磷肥，花朵会更加靓丽。钾可以对整株植物产生效果，能够让植株更好地抵御病害。

我们应当选择合理搭配了这 3 种营养元素的肥料。

施肥主要有基肥和追肥 2 种方式。

基肥是种植时混合在土壤中的肥料，选择肥效持久的缓释肥。

追肥是指在植物生长过程中施用的肥料。追肥有 2 种，一种是将固体肥料放在盆土表面的置肥，另一种则是用水稀释使用的液体肥料。追肥适合选用肥效快的速效性肥料。

146

土壤的种类

培养土

培养土是由集中土壤调配而成的，买来即可使用，非常方便。除了草本花卉专用的，还有香草专用、多肉专用、观叶植物专用等不同的类型。

赤玉土

赤玉土是排水性和保水性都很好，适合盆栽的一种基本用土，按颗粒大、中、小分为3种。

鹿沼土

鹿沼土富有保水性、排水性，是原产于日本栃木县鹿沼地区的一种基本用土，主要用于山野草等喜好排水性好的植物。

腐殖土

腐殖土是阔叶树的落叶分解发酵而成的有机改良土壤。基本用土中混合腐殖土，可以提高土壤的保水性和保肥性。

蛭石

蛭石的重量非常轻，富有保水性、透气性。播种时会使用蛭石。蛭石需避免与黏性土壤混合使用。

水苔

水苔是堆积的水苔发酵而成的改良土壤，重量轻，保水性、透气性好，适合混合在悬挂花盆的土壤中使用。

调配土壤时过筛，去除过细的粉尘，可以提高透气性、排水性。

为了提高透气性，也可在市面上买回来的培养土中混合赤玉土。

肥料的种类

有机肥料

有机肥料指油渣、骨粉等物质分解发酵而成的肥料。其效果缓慢，持续时间较长，适合作为基肥使用。

化学肥料

用化学的方式制成的固体肥料，可用于基肥和追肥。在使用前需确认肥料中所含有的氮、磷、钾的比例。

液体肥料

液体肥料是施用后立刻见效的速效性肥料。在浇水时，按说明稀释使用。

光照条件和浇水方式

对于植物的生长而言，光照和浇水是必不可少的，需要根据植物的特性和对光照的需求选择安放的地方。此外，植物在阳台上很容易干燥，需要经常浇水，并且在确认土壤的状态后再浇水。

通过安放在不同位置来调整光照条件

植物在进行光合作用时需要光照，也就是说植物需要把光照转换成能量才能生长。虽然不同植物所需的光照条件也有所不同，但大多数种类没有了光照便无法生存。

盆栽花卉普遍需要充足的阳光，但也有一些品种不喜欢强烈的日照，因此需要根据植物种类来考虑采光的问题。

根据光照条件，放置植物的地方分为向阳处、半阴半阳处及阴凉处。向阳处是指没有任何的遮挡物，一天都有阳光照射的地方。半阴半阳处是指阳光从树叶空隙照进来的程度，或是只有上午半天有光照的地方。而阴凉处是指没有阳光直射的地方，不太适合植物生长。

季节不同，光照条件也会发生变化。夏季太阳高度较高，冬季较低，阳台上阳光照入的角度会发生变化。夏季阳光强烈但因为角度较高，有些朝南的阳台靠里侧很难有阳光能照射到。

待土表见干后再浇水

植物的生长离不开水分。土壤中的养分会融入水中，植物需要通过吸收这些水摄取养分。植物光合作用生成的养分需要水分才能在植物体内运输。此外，通过叶片蒸腾作用，植物可以降低因阳光直射造成的高温。

盆栽种植需要定期浇水，否则植物会凋谢枯萎。可是浇水过多，土壤积水、过湿的情况持续较久也会造成烂根。

干湿交替是最理想的土壤状态。浇水的原则是干透浇透，在盆土表面见干后充分浇水，直至盆底排水孔渗出多余的水分。

推荐在植物开始苏醒的上午浇水。浇水时从植株根部浇入，而不是从植株的上方浇入。此外，需要避免花盆托盘积水，如果土壤始终处于潮湿的状态会造成植物烂根。

（向阳处）←――――――――――――――→（阴凉处）

溪荪

玫瑰

薰衣草

堇菜

洋凤仙

铁筷子

玉簪

浇水的基本方法

浇水的原则是干透浇透，在盆土表面见干后再充分浇水，直至盆底排水孔流出多余的水分。浇水的频次会因季节、土质、花盆容器不同而有差异

夏季的养护管理

近几年连年酷暑，人类会感觉非常的炎热，对植物来说也很难熬。在火辣辣的阳光下，植物暴晒得太久也会晒伤叶片，变得不那么精神。

因为夏季炎热，土壤容易干燥，植物开始发蔫时需要及时搬至阴凉处，并采取在托盘中倒水等方式，让植物从底部吸收水分。此外，利用花盆架、花盆垫脚，也可以改善通风，减少地面反射的热量，避免花盆温度过高。

冬季的养护管理

寒冷的冬季，一些不耐寒的植物需要搬到室内养护。在室内也需要注意暖气等设备造成温度过高的情况。有阳光照射的、温度不会非常低的窗边就很适合放置植物。此外，室内空气干燥，可时常用喷壶给叶片喷水。

如果植物放置在阳台或玄关等昼夜温差较大的地方，夜间则可以罩上纸箱，起到一定的保温作用。

第4课

播种的基本方法

从种子开始种植，可以感受其生长过程，感受植物强大的生命力。种子需根据不同的发芽温度，选择适合播种的时节。另外在种子发芽前，需让土壤保持湿润的状态，避免干燥。

需要水分、氧气、温度等适合的条件

3 种播种方式

种植植物时，可以购买幼苗种植，也可以从种子开始种植。小小的种子播入土中后发芽，长出真叶，生长开花。从种子开始种植，可以慢慢地观察其生长过程，对植物也会产生感情。初次播种，可以选择容易养护的一年生草本植物。

播种有 3 种基本方式，第一种是适合播种颗粒较小的种子的撒播；第二种是点播，用手指、小木棍等在土里打出小洞，放入几粒种子；第三种是在土表挖条状的槽后，按照一定间隔播种的条播。

一般播种后会轻轻地覆上一层土，但还是要根据种子的特性加以调整。嫌光性种子发芽过程中不需要日照，可以覆较厚的土；而喜光性种子需要光照，则不覆土或薄薄地覆一层土。播种后用喷壶等工具浇水，在发芽前保持湿润的状态，不能断水。

播种的方式还可分为直接在想要种植的地方播种的直播方式、在育苗盆中播种的方式以及在苗床中播种的方式。待育苗盆、苗床中播种的种子发芽后，移植至花盆等容器中种植。

种子发芽需要水分和氧气的同时，温度也是很重要的条件。满足这 3 个条件时，种子就会开始苏醒。

土壤选择细腻的、保水性好的土壤。不同的植物种子的发芽温度也有所不同，应确认种子包装袋上的信息。春季和秋季的温度符合大部分种子发芽的条件。我们通常在春季播种惧怕寒冷的植物，秋季播种惧怕炎热的植物。播种的技巧是，春季种植时选择温暖的、不会反寒的时节；秋季则在秋热过后播种。播种后避免缺水，可从播种容器底部给水，或放在阴凉处养护管理。

市面销售的种子包装背面有播种的季节和养护方式等信息

播种方法（撒播） ···········

1 在素烧盆底部铺垫底石（赤玉土）后，在上面放入播种用的培养土。

3 在土表撒播细小的种子，可以将纸对折后用来播种，使种子均匀分布。

5 覆土后用盖子等工具下压盆土表面。

2 放入培养土后，用厚卡纸等铺平盆土表面。

4 播种后覆土。可通过过筛覆上细颗粒的土壤。

6 用喷壶浇水可能会导致种子移动。可将素烧盆放入倒有水的容器中，从花盆底部给水。

在育苗盆中播种 ···········

待长出几片真叶后，移植到育苗盆中。先在育苗盆里倒入土壤。

可使用竹铲、勺子等工具取出植物，并且注意不要弄断根系。

迅速种入土中，避免根系干燥。轻轻地浇上水，在没有阳光直射、避风的场所养护 2~3 天。

第5课

移苗、换盆的方法

让我们了解一下基本的换盆方法。选择健壮的幼苗后，将其移栽到花盆。花盆大小需考虑植物生长后的尺寸。移苗时用手轻轻舒展根系。在种植几年后，根系会长满整个花盆，需要再次给植物换盆。

种植时充分考虑植物生长后的尺寸

需要尽早给从园艺店买来的幼苗换盆。花盆选择比育苗盆大两圈的尺寸，不可过大或过小。如果过小，盆中就没有足够的空间让根系充分伸展，会影响植物生长；过大则容易积水，土壤几天都干不了，会造成烂根的现象。一般来说，花盆以口径的尺寸区分大小，如口径为3厘米的为1号花盆。

先在盆底排水孔上铺一层网格，堵住盆底的排水孔。为确保盆栽的排水性良好，倒入垫底的大颗粒土或陶粒，最后放入添加了肥料的培养土，种植植物。

种植时最重要的技巧是根系的处理。为了植物的根系能在盆中充分伸展，需要用手轻轻弄散根系，让它能够向外生长。如果根系在原本的盆中缠绕在一起，则需要用剪刀剪开原来盆中的土壤和根系，轻轻舒展后再种植。

此外，盆栽需要每1~3年换1次盆。如果盆中根系过于拥挤，会造成植株无法生长，逐渐衰弱。

如果在浇水时发现土壤的排水性变差，则是需要换盆的信号。可以根据植株的大小移植到更大的花盆，也可以分株后换土种植。

以间隔小、深度浅的方法种植球根植物

由于花盆空间有限，盆栽球根植物不能像地栽一样有足够的间隔和种植的深度。为了让植物在盆栽有限的空间里伸展根系，深度只需没过球根顶部即可。即使种得较浅，通过球根根部下拉的力量，植株自己会调整深度，让球根不露出土表。

另外，如果只打算种植1年，可以种得密一些，花朵看起来开得更茂盛。如果打算让球根一直在土中，第二年也可以欣赏花期，那么种植时要留出2个球根左右的间隔。

建议选择植株健壮、叶片及花苞较多的幼苗

幼苗的种植方法 ········

1 育苗盆（非洲菊）1株，4号盆、网格、培养土、垫底石、缓释肥

2 为了不让土壤从盆底的排水孔流失，可在盆底铺网格，再倒入垫底的石头，确保花盆排水良好。

3 倒入适量的草本花卉用土壤，土壤的量根据育苗盆的高度进行调整。

4 在花盆中放入颗粒状的化学肥料后与土壤搅匀。基肥适合选择缓释肥。

5 从育苗盆中取出幼苗后，轻轻地弄散根系和土壤。如果根系过于饱满而在育苗盆中打结，可以用剪刀剪一下根系和土壤的底部。

6 把植物放在花盆中，确认种植的深度。请按住植株根部，决定种植的位置。

7 在花盆和植株土壤之间倒入培养土，让培养土轻轻盖过植株根部。

8 盆土和花盆上边缘留出2厘米的间距作为水区，在浇水时让水能够在这个空间滞留片刻。

9 轻轻地下压盆土表面，最后浇上充足的水直至流出盆底的排水孔。

球根植物的种植方法

为保证花盆内部有足够空间，使球根植物的根系充分伸展，种植时使土壤稍稍没过球根顶，并且种得紧凑些。

分株的方法 ········

一边确认分株的位置，一边弄散植株。

在根部干燥之前拿着植株茎部底部固定，倒入新的土壤。

取出长大的植株，进行分株。

将植株分为适当的大小，确保分株后的每部分都有足够的根系。

园艺术语

F1 品种（杂交一代）

不同植物杂交后的第一代子孙。比亲本品种生长情况要好。但留种播种，下一代会发生性状不统一、种出的植物品质下降的现象。

pH

用来描述土壤溶液酸碱度的单位。pH 介于 0~14 之间，7 以下为酸性，7 以上为碱性。

矮化

矮化一般是与正常植株高度相比，较为矮小的状态生长的特性。

矮盆

宽比高长，深度较浅的花盆。

斑纹

在叶、茎、枝干上表面上显露出来的别种颜色的条纹。叶子带有斑纹的品种称为斑叶植物。

半日阴

半日阴的环境是指 1 天当中只有 3~4 小时光照，或是只有部分光照的地方。

棒棒糖园艺造型

把主干道下部的枝条剪掉，只留上端的枝叶做成圆体的造型，是一种最常见的林木造型。

宝塔花架

形似宝塔一样的花架，通常用于牵引藤蔓植物。

壁挂花盆

一种专门挂在墙上的花篮。为了便于悬挂，有一侧是平的。

彩叶植物

一种统称，是指叶子呈单一绿色以外的颜色，或混色的植物。有一些彩叶植物的叶子是带斑点的，也有古铜色、银色等。

侧芽

指生于叶子腋部的芽。

常绿

全年叶子不凋谢的状态。

迟效性肥料

包括油渣、骨粉等肥效很慢的一类肥料。不易发生肥害。

赤玉土

一种酸性土，用红土干燥而成。土质利于排水、通风、蓄水，是盆栽的常用土。种类按照颗粒大、中、小等区分。

窗台花箱

一种长方形的花盆，可以安置在窗外。

单瓣

花瓣只有一层的花朵。

单粒结构

土壤颗粒单粒存在，不聚集在一起的结构。细颗粒的单粒结构黏土排水性不好。

氮

氮、磷、钾是植物肥料的三大营养元素。氮有促进植物叶片生长的作用，又称"叶肥"。

垫底石

盆栽时在盆底垫的石头，或颗粒较大的颗粒土，利于排水通风。

吊盆

可以挂起来种植植物的容器。

定植

把植物移植到花盆、庭院等今后栽培它的地方。

冬肥

在冬季施肥。冬季植物处于休眠期，这时给树木、果树施冬肥有利于植物春季的生长。

短截修剪

剪掉一部分枝条和叶片后，会长出健壮的新枝。

短日照处理法

早上或傍晚，通过罩住植物等方式缩短日照时间，可以达到提早花期等目的。

多年生植物

可以连续生长多年、开花结籽的植物。球根植物虽然也可以生长多年，但在园艺术语中另作一类。

二年生草本植物

指从播种到开花需要 2 年以上，且开花后完成生命周期的草本植物。

肥害

肥害原因是因为施肥过量，严重时导致植物整株枯萎。

肥料三要素

16 种养分在植物生长中是不可或缺的。其中最主要的成分是氮、磷、钾 3 种，称为肥料三要素。

分株

分株繁殖，即从母株分离出一部分进行繁殖。例如可以把宿根草本植物底部长出的侧芽分出来，进行分株。

腐殖土

腐殖土是森林中表土层树木的枯枝残叶经过长时期腐烂发酵而形成的。保水性、透气性好，与其他土壤混合配制使用。

覆土

指播种、种植球根后再覆一层土。

根颈

植物与盆土表面相接的部分。

根系填满

根系在盆中长得过满，不利于植物生长。

根系状态

盆中根系的生长状态。

共生植物

指种在一起，可以促进另一种植物生长的植物。

灌水

指浇水。

寒冷纱

用棉或 PVA 纤维制成的网眼布，可以遮光，避免阳光直射。除此之外，还可以起到防霜防寒、防虫、防风的作用。

护根

用干草、落叶、地膜覆盖植物根部附近的土壤，达到冬季保温、夏季保湿的效果。

花梗

指凋谢的花朵。不剪除易引发病害。

花芽

展开后能长成花的芽称为花芽。花芽的位置和生长的时节根据植物种类不同，需要正确识别，避免在修剪时误剪花芽。

化成复合肥料

只以无机物为原料复合成的肥料。

环形（塔形）支架

一种牵引藤蔓植物的方法。沿花盆里侧立几根支柱，螺旋状牵引植物，使之成为环形。

缓释肥

肥效释放缓慢，效果较为持久的一种肥料。

换盆

把植物换到大一号的盆中。

混植

在花盆或花坛中组合种植不同的植物。选择品种时要根据植物的特性、大小、颜色，考虑整体的平衡。

基肥

播种或定植前结合土壤耕作所施用的肥料。

钾

氮、磷、钾是肥料中的三大营养元素。钾有促进植物根部生长的作用，因此钾肥也被称为"根肥"。

嫁接

是一种植物的繁殖方式。把一种植物的枝或芽，接到另一种植物的根或茎上，使两部分长成一个完整的植株。

间苗

又称"疏苗"，指在播种种子后，拔除部分幼苗、选留壮苗，保证幼苗有足够的生长空间。

接穗

嫁接中接上去的枝或芽。

节间距

茎上着生叶的部位称为节。节与节之间的距离为节间距。

结果

指植物开花授粉后长出果实，即种子。

苦土石灰

一种土壤改良剂，用于中和酸性的土壤。

烂根

指植物根部由于浇水过多等原因发生腐烂的现象。

磷

磷是肥料中的三大营养元素之一。磷可促进植物开花结果。

落叶树

秋季落叶，在越冬后的第二年春季长出新叶的一类树木。

萌芽

指发芽。

蒙脱石

使用无孔花盆栽种植物时使用，防止烂根。

苗圃

培育幼苗，生产销售树苗、花卉的园地。

匍匐茎

指母株根部长出的茎，茎的前端可长出新的个体。可通过匍匐茎繁殖的植物有草莓、吊兰等。

扦插（插条）

一种常用的繁殖方法。把植物的一部分，如枝、茎、根等，插入苗床后，使其长出新的根或芽。

扦插（插芽）

用植物的芽作为插段的繁殖方法。

扦插（插叶）

以叶子作为插根的扦插方法。

扦插（根插）

以根段作为插根的扦插方法。

牵引

指在需要的位置用绳或铁丝固定藤蔓、枝条。

缺水

植物缺水，或是盆土完全干燥了的状态。

容器

用于种植植物的容器的统称，可以指各类材质的花盆、花箱、育苗箱、托盘等。

撒播

一种播种方法。将种子均匀地撒于土壤表面。

撒施肥（置肥）

一种施肥方式，也可指撒施的肥料，可以直接撒在盆土上使用。浇水时都会渗出一些肥料，肥效时间长。

实生

由种子萌发而长成的植物。

授粉

指花粉从花药到柱头的移动过程。

树皮覆盖物

由树皮制成，作为覆盖物撒在花盆、花坛上。用松树所做的覆盖物又称松鳞。

水区（水间隙）

盆边上侧到土壤之间的空间。浇水时，水会在这个空间停留，满满地渗入土中。

水苔

水苔是生长在潮湿地的苔藓类植物，经过干燥处理后在园艺中使用。保水性好，有多种用途，比如在扦插中使用，可避免植物干燥。

四季花

拥有不受白天黑夜的相对长度的影响、不需要较高的温度、在生长的同时持续开花的性质。

速效性肥料

施肥后立即见效的肥料。如液体肥料就是可以被植物快速吸收的肥料。

宿根草本植物

指每年都会开花的草本植物。地下根系宿存，植物可以持续多年。

陶粒水培

用陶粒代替土壤，进行无土栽培。

徒长

指由于日照不足、营养不够等原因，导致茎部生长细长的状态。

团粒结构

小颗粒的土壤聚集成块的结构。排水性、透气性好，是栽培植物的良好土质。

网格花架

屏风似的花架，用于牵引藤蔓植物，装饰墙面。

喜阴植物

指那些在适度荫蔽下生长良好的植物，又称阴性植物。与之相反，在强光环境中生长良好，在荫蔽、弱光环境下发育不良的植物称为喜阳植物（阳性植物）。

新梢

新长出的枝条。

休眠

在酷暑和寒冬，或是旱季植物会暂时停止生长，进入休眠期。宿根草本植物的地上部分会停止生长，呈现枯萎的状态，但藏在地下的部分以及球根并没有枯萎。只要环境合适，还会继续生长。

修剪

修剪树干枝叶或茎叶，以调整植物的造型和大小。根据不同的目的，采用不同的方法。比如为了加强通风修剪过密的叶子，为了促进新芽生长进行短截等方式。

叶片喷水

给叶片喷水可以去除灰尘、增加环境湿度、预防叶螨。

叶片灼伤

由于暴晒、缺水，叶片会发生灼伤、变黄的情况。

液体肥料

施肥后见效快，用于追肥，可满足植物生长中的营养需求。

一季花

一年之中只在某个特定季节的一定时期内开花的植物性质。

一日花

花期只有1天的花。

移植

把植物移到另一个地方种植。例如，从苗床移栽到花盆中。

营养土

配制的土壤，加入了赤玉土、腐殖土、肥料等利于植物生长的营养成分。

油渣（菜籽饼）

榨油后的副产品，常作为一种缓释肥（长效肥料）使用。

有机肥料

指油渣（菜籽饼）、骨粉等含有机成分的肥料。与之相对，化学肥料称为无机肥料。

育苗

培育幼苗。播种后的一段时期，需要对培养环境进行管理。

育种

植物的品种改良。通过选择育种、杂交育种等方式培养新品种。

园艺品种

通过杂交、筛选等方式人工培育的植物。

原生

指未经人为改良的野生植物品种。

圆形花盆

最常见的一种圆口的花盆。

月子肥（礼肥）

在花期过后、摘果后追肥，及时让植物储存营养。通常使用肥效较快的肥料。

摘蕾

指摘除多余花蕾，使花开得更大、更艳。

摘心

种植中对植物的顶芽进行摘取，以达到控制旺长、促进侧芽生长等目的。

遮光

遮挡一部分阳光。可以使用寒冷纱等进行遮光。

蒸腾

一种植物内部的水分以水蒸气的状态散失到空气中的现象。蒸腾主要通过叶子背面的气孔进行。

直接播种

把种子直接播种在需要栽培植物的地方的一种种植方法。如把种子直接种在花坛的土中。直接播种适合不喜移栽的植物，以及种子较大的植物。

中耕

浅层翻土，疏松表层土壤，改善土壤透气性。

株间距

栽种时，植物之间的间隔距离。根据通风和光线，调整适当的距离。

追肥

在培育期间施肥。根据植物品种和生长情况调整追肥方式，肥料种类、施肥量、时期、次数等会有所不同，但通常使用速效性肥料。

索引

158

阳台，作为住宅的延伸空间，可以兼顾实用与美观的原则，变成一个宜人的小花园，这也是很多人的梦想！那这样的花园如何打造呢？本书首先对阳台种花的基础知识及阳台空间的利用技巧等进行了详细介绍，这对居家美化环境很有帮助，然后介绍了适合新手种植的、适合阳台强风和阴凉等不同环境种植的，以及适合悬挂花盆、制作"绿色窗帘"的160多种花卉，品种丰富、各具特色。

本书是一本全面涵盖阳台花卉相关知识的园艺书籍，可让您通过盆栽享受打造阳台花园带来的乐趣，适合广大花卉园艺爱好者阅读参考。

Original Japanese title：ベランダで花づくり

Copyright © SHUFUNOTOMO CO., LTD. 2011

Originally published in Japan by Shufunotomo Co., Ltd.

Translation rights arranged with Shufunotomo Co., Ltd. through Shanghai To-Asia Culture Co., Ltd.

本书由主妇之友社授权机械工业出版社在中国境内（不包括香港、澳门特别行政区及台湾地区）出版与发行。未经许可之出口，视为违反著作权法，将受法律之制裁。

北京市版权局著作权合同登记　图字：01-2020-1900号。

原书封面、正文排版——深江千香子（株式会社EFUKA）

图片协助——ARSPHOTO企划、五百藏美能、植松千波、熊原美惠、小须田进、弘兼奈津子、主妇之友社摄影部

摄影协助——YoneyamaPantation总店、Chelsea Garden、Mariposa王子园艺商店、园艺商店HanaHana、京王Ange花园、PROTOLEAF玉川店、吉村康宏（Veranda Garden花园阳台俱乐部）、岛田文代、宫崎麻子

原书校对——大塚美纪（聚珍社）

编辑协助——辻 幸治、平野 威（平野编辑制作事务所）

原书责编——大西清二（主妇之友社）

图书在版编目（CIP）数据

阳台花卉混栽与养护技巧 / 日本主妇之友社编著；（日）国本延爱译. —北京：机械工业出版社，2021.12
ISBN 978-7-111-69227-0

Ⅰ.①阳… Ⅱ.①日… ②国… Ⅲ.①花卉 - 观赏园艺 Ⅳ.①S68

中国版本图书馆CIP数据核字（2021）第198193号

机械工业出版社（北京市百万庄大街22号　邮政编码100037）
策划编辑：高 伟　周晓伟　　责任编辑：高 伟　周晓伟
责任校对：李亚娟　　　　　　责任印制：张 博
中教科（保定）印刷股份有限公司印刷

2022年1月第1版第1次印刷
182mm×257mm·10印张·2插页·209千字
标准书号：ISBN 978-7-111-69227-0
定价：69.80元

电话服务　　　　　　　　网络服务
客服电话：010-88361066　机 工 官 网：www.cmpbook.com
　　　　　010-88379833　机 工 官 博：weibo.com/cmp1952
　　　　　010-68326294　金 书 网：www.golden-book.com
封底无防伪标均为盗版　　机工教育服务网：www.cmpedu.com